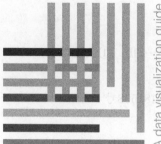

storytelling
with data

A data visualization guide
for business professionals

用数据讲故事

修订版

职场通用
高效沟通六原则
让图表解释数据
用故事驱动决策

[美] 科尔·努斯鲍默·纳福利克 (Cole Nussbaumer Knaflic) 著

陆昊 吴梦颖 译

人民邮电出版社

北京

图书在版编目（CIP）数据

用数据讲故事 / （美）科尔·努斯鲍默·纳福利克著；
陆昊，吴梦颖译. -- 2版（修订本）. -- 北京：人民邮
电出版社，2022.11
ISBN 978-7-115-60141-4

Ⅰ. ①用… Ⅱ. ①科… ②陆… ③吴… Ⅲ. ①表处理
软件 Ⅳ. ①TP391.13

中国版本图书馆CIP数据核字(2022)第181508号

内 容 提 要

　　本书通过大量案例研究介绍数据可视化的基础知识，以及如何利用数据创造出吸引人、信息量大、有说服力的故事，进而达到有效沟通的目的。具体内容包括：如何充分理解语境，如何选择恰当的图表，如何消除干扰，如何引导受众的注意，如何像设计师一样思考，以及如何用数据讲好故事。

　　本书适合所有需要用图表展示信息和数据的人士阅读。

◆ 著　　　[美]科尔·努斯鲍默·纳福利克
　　　　　（Cole Nussbaumer Knaflic）
　译　　　陆　昊　吴梦颖
　责任编辑　赵　轩
　责任印制　彭志环
◆ 人民邮电出版社出版发行　　北京市丰台区成寿寺路11号
　邮编　100164　电子邮件　315@ptpress.com.cn
　网址　https://www.ptpress.com.cn
　涿州市般润文化传播有限公司印刷
◆ 开本：800×1000　1/16
　印张：11.25　　　　　　　2022年11月第2版
　字数：214千字　　　　　　2024年8月河北第8次印刷
　著作权合同登记号　图字：01-2016-1782号

定价：69.80元
读者服务热线：(010)84084456-6009　印装质量热线：(010)81055316
反盗版热线：(010)81055315
广告经营许可证：京东市监广登字 20170147 号

版权声明

推荐序

我们要的不是数据，而是数据告诉我们的事实

本书作者的信念是"消灭世界上糟糕的 PPT（演示文稿）"，依我的经验，绝大多数 PPT 在作者看来应该被消灭。

作者的解决方案很简单——用数据说话。

在 PPT 中，数据的作用一直很受重视。在工作场合，饼图、柱形图、条形图、折线图、散点图充斥在 PPT 中。问题是这些密密麻麻的图表到底想告诉我们什么观点？传递什么事实？希望我们关注或警惕哪些趋势？

使用太多的 PPT，与其说是展示数据，不如说是展示自己的工作量。

PPT+Excel（电子表格）这套组合，让每个人都能快速做出漂亮的图表。但这不代表每个人都能利用基础数据恰到好处地展示出事物之间的联系、趋势和异常。

收集数据，理解数据，干净、利落地呈现数据，还要围绕你呈现的数据讲述一个好故事。

这就是这本书要告诉你的。我们不仅仅要知道数据，更重要的是要利用数据做出决策。

如果你的数据图表能让人做出更有效的决策，那么我觉得它就是一个成功的图表，否则它仅仅是一个看起来很酷很美的东西，除了浪费大家的时间，并不会带来什么本质的改变。

数据之所以能影响人的判断，首先是因为它揭示了某种潜在规律。

有意思的是，看惯了饼图、条形图、折线图的人们，开始对很多数据图表"免疫"。他们可能只是一眼扫过你的图表，忽略了你要苦心传达的信息。并不一定是你的图表数据有问题，而是图表的呈现方式过于单一。

和我到处宣传的 PPT 设计原则一样，做数据图表也要琢磨一个道理：少就是多。

呈现在 PPT 上的信息越少，被听众记住的信息反而越多。

很多数据图表之所以没有达到效果，就是因为犯了 3 个错误：

☐ 没有选择最合适的关系图表来呈现；

☐ 用了过多的修饰和美化，分散了听众在核心信息上的注意；

☐ 数据图表的呈现形式过于单调。

其实，只要理解了一些简单的原则，掌握最常用的十多种图表，使用最常用的工具，比如 PPT 或 Excel，你就可以做出有故事的图表。

心动不如行动，一起看看作者对数据呈现做了哪些令人受益的思考吧！

秋叶

谨以此书献给伦道夫（Randolph）。

前言

坏图表随处可见

在工作中，我时常看到糟糕的图表（如图 0-1 所示）。没有人故意制作坏图表，但它们几乎无处不在，出自任何行业、任何公司、任何人，甚至可能出自媒体和那些专业人士之手。这是为什么呢？

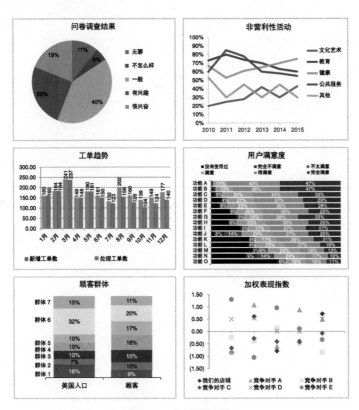

图 0-1　坏图表示例

没人天生就会用数据讲故事

我们在语文课上学会了遣词造句和讲故事，在数学课上学会了理解数字。但将两者并用的情况很少见：没有人教过我们如何用数字讲故事，更何况几乎没有人天生擅长此道。

因此我们在面对这个日渐重要的需求时手足无措。科技进步让我们积累了越来越多的数据，理解这些数据的需求也随之增加。将这些数据转化为信息并驱动人们做出更好的决策，关键就在于将它们可视化并用于讲故事。

我们往往最终依赖工具来处理和理解数据。随着技术的发展，不仅数据量和获取数据的渠道与日俱增，而且用来处理数据的工具也如雨后春笋般出现。回顾历史，制作图表曾是科学家或者高级技术人员的专利，而现在几乎人人都能用制图工具（例如 Excel）将数据制作成图表，这太不可思议了。这同时也令人担忧，若没有遵循清晰的路径，我们的想法和努力可能会最终走上歧途：使用花哨的 3D（三维）图表、无意义的颜色和泛滥的饼图。

熟练运用办公软件？每个人都能做到！

能 熟练运用 Word（文字处理应用）、Excel、PPT 的人过去能够在简历筛选中和求职市场上脱颖而出，现在具备这一技能已经成为大多数雇主最基本的要求。一位招聘人员告诉我，现在在简历上写"熟练运用办公软件"是远远不够的，这在雇主看来是基本技能，只有具备其他技能才能脱颖而出。能够有效地用数据讲故事会成为你的优势，并能让你在职场上无往不利。

尽管科技发展让我们能够获取并使用工具熟练地处理数据，但使用者之间仍然存在着能力上的差距。比如，你可以将数据存储在 Excel 中并制作出图表。对于很多人而言，数据可视化的过程到此为止。这会使本来有趣的故事落于平庸，甚至难以理解或者根本无法理解。默认工具和通用实践常常令数据和讲述的故事枯燥无味。

数据背后的故事，工具是不会理解的。这就是为什么需要你——数据分析师或者信息沟通者——用可视化和情境化的方式使故事生动有趣。本书会聚焦这个过程。图 0-2~ 图 0-7 展示了一些优化后的示例，可以让你直观地了解即将学到的内容。具体的细节将在后文中详细展开。

本书讲述的知识点能够让你从单纯展示数据进阶到**用数据讲故事**。

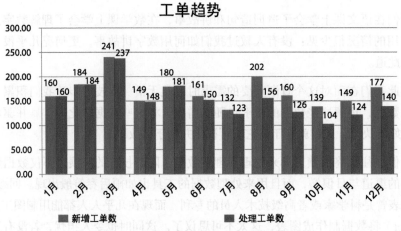

图 0-2 示例 1（优化前）：单纯展示数据

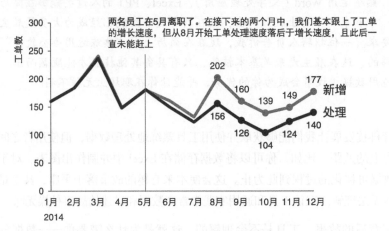

图 0-3 示例 1（优化后）：用数据讲故事

问卷调查结果

项目之前：
你觉得科学怎么样？

■ 无聊　■ 不怎么样　■ 一般　■ 有兴趣　■ 很兴奋

项目之后：
你觉得科学怎么样？

■ 无聊　■ 不怎么样　■ 一般　■ 有兴趣　■ 很兴奋

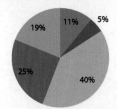
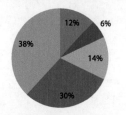

图 0-4　示例 2（优化前）：单纯展示数据

试点项目取得成功

你觉得科学怎么样？

项目之前，大多数孩
子认为科学一般

项目之后，更
多的孩子对科
学有兴趣或感
到很兴奋

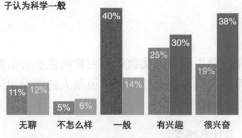

注：根据100名学生在项目前后的问卷调查（两份调查的回答率都是100%）

图 0-5　示例 2（优化后）：用数据讲故事

每年的产品平均零售价格

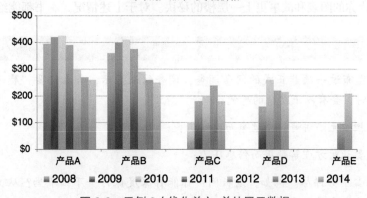

图 0-6　示例 3（优化前）：单纯展示数据

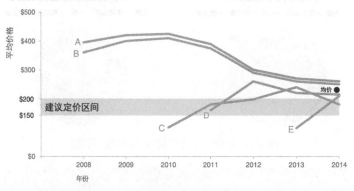

图 0-7 示例 3（优化后）：用数据讲故事

谁应该阅读本书

　　数据分析师分享工作成果，学生展示论文数据，主管向董事会汇报工作，这些都离不开数据。我相信本书可以帮助你提升使用数据说服人的能力。用数据讲故事令许多人望而却步，而你可以脱颖而出。

　　当你要"展示数据"时，有什么感受？

　　或许你会无所适从，不知从何处着手；或许你觉得需要做成很复杂、详尽的效果，要能够回答所有可能的问题，因而觉得任务艰巨；又或许你有坚实的基础，但还在寻找能够让你的图表和故事更上一层楼的秘诀。对于上述情况，本书都能给你指导。

"当要我展示数据的时候，我感觉……"

我 发布过一项非正式的问卷调查，调查结果显示，当人们要"展示数据"时，会有以下复杂的感觉：

因担心无法讲好整个故事而感到沮丧；

因要让对方理解数据而倍感压力；

担心不够详尽。例如，老板问：你能再深度探讨一下细节吗？从 x、y、z 这 3 个方面来分析。

当我们需要以数据驱动决策时，用数据讲故事就变得比以往更为重要。无论是展示研究成果、为创业拉投资，还是向董事会汇报，甚至仅仅是为了让受众能够理解你的意思，有效的数据可视化都能够助你成功。

经验告诉我，大部分人能认识到高效使用数据的必要性，但缺乏这方面的专业技能。现实中很难聘请到拥有数据可视化技能的人。部分原因在于数据可视化只是数据分析过程中的一个环节。数据分析师通常都有量化分析的背景，但很少受过设计方面的专业训练，这使得他们虽然能够胜任数据分析的其他环节（获取数据、整理数据、分析数据、建立模型），但在最终的展示沟通上力不从心，而展示恰恰是整个数据分析流程中受众唯一能够接触到的环节。此外，数据驱动让更多的非技术人员走上分析师的岗位并用数据进行沟通。

鉴于传统教学中不会涉及有效地用数据沟通，你觉得这是一项挑战也很正常。许多优秀的人才通过漫长而单调的试错来积累经验，而我希望通过本书为你指出一条捷径。

来自不同行业的真实案例

在本书中，我加入了丰富的案例，它们分别来自科技、教育、消费品等行业，都是我在实际工作中碰到的真实案例。本书内容并不局限于某一行业或角色，而是更多地着眼于有效的数据沟通相关的基础概念和最佳实践。

本书中的案例大多源自我的研讨会，为了不泄露商业机密，我对部分数据进行了修改，对场景进行了泛化处理。

或许有些例子与你并不密切相关，但我建议你停下来想一想，是否可以从中获得启发并帮助解决你遇到的实际问题。每个例子都是一块璞玉，值得你静下心来细细打磨。

工具不限

本书着眼于实践，不局限于任何制图工具和展示软件。用数据讲故事可以使用的工具很多，但不管工具多么厉害，都不如你自己对数据的理解透彻。花时间熟练掌握工具的用法，让它在实际使用中成为利器而非绊脚石。

如何使用 Excel？

尽 管我不会将讨论的重点放在具体的工具上，但本书中的示例图表均用 Excel 创建。

本书结构

本书内容按时间顺序组织，这与我思考用数据讲故事的过程是一致的。而且后续章节在前文的基础上开展，因此我建议你从头到尾阅读本书。之后，你可以随时根据面临的数据可视化挑战，回顾相关重点或案例。

为了让你对本书的脉络有更具体的认识，每章内容总结如下。

第 1 章　原则一：理解语境

在走上数据可视化道路之前，你应该能简洁地回答以下两个问题：谁是你的受众？你需要他们了解什么或者做什么？这一章会描述理解语境的重要性，包括受众、沟通机制和期望的语气，还会介绍一些概念，并用示例进行阐释以帮助你充分理解语境。对语境的充分理解能够帮助你在创建图表时少走弯路，直达终点。

第 2 章　原则二：选择恰当的图表

对于你想要沟通的数据，什么才是最佳展示方式？我分析了我在工作中最常用的视觉呈现方式。这一章会介绍商业环境中最常用于数据沟通的视觉元素，讨论每种元素的最佳呈现方式，并通过真实案例进行阐释。具体涵盖的视觉元素类型包括简单文本、表格、热力图、折线图、坡度图、竖直条形图、堆叠竖直条形图、瀑布图、水平条形图、堆叠水平条形图、面积图。这一章还囊括了应该避免使用的图表类型，例如饼图和甜甜圈图，并讨论了避免使用 3D 图表的原因。

第 3 章　原则三：干扰是你的敌人

想象一个空白的页面或者屏幕：你添加的每一个元素都占用了受众的部分精力。这意味着我们需要一双慧眼来选出允许出现的元素，并尽力识别和去除占用脑力的多余元素。这一章的重点在于识别并消除干扰。在讨论中，我会介绍视觉感知的格式塔原则，以及如何将其应用到表格或图形的展示上。这一章还会讨论对齐、留白以及对比等精心设计所需的重要元素，并且同样用一些案例进行阐释。

第 4 章 原则四：引导受众的注意

这一章继续探讨人的视觉运作原理，并讨论如何在视觉呈现中利用该原理，以此增加你的优势。首先，我们简单讨论视觉和记忆，从而引出大小、颜色、位置等前注意属性的重要性。然后，我们会探讨如何有策略地通过前注意属性引导受众注意你期望的地方，并建立图形化的层级帮助引导受众按你期望的顺序处理信息。这一章对颜色这种策略工具进行了深入的讨论。相关概念通过案例进行阐释。

第 5 章 原则五：像设计师一样思考

形式服从功能。这句产品设计的箴言也可以用于数据沟通。谈到数据可视化的形式和功能，我们首先想到的是我们希望受众用数据做什么（功能），然后才是创建图表（形式）以简化该过程。这一章会讨论传统的设计概念如何应用在数据沟通上，利用前文介绍的一些概念，从不同的视角探讨可供性、无障碍和美观度。这一章还会讨论一些为图表设计提高受众接受度的策略。

第 6 章 范例剖析

有效的视觉展示值得仔细研究，从中可以学到很多。在这一章中，我们会用已经学到的知识分析 5 种典型的数据呈现效果，揣摩其背后的思维过程，感受其设计上的选择。我们会研究如何决定图表的类型和数据的顺序，也会关注如何通过颜色选用、线条粗细和相对大小来强调或者弱化数据。我们还会研究在图表中如何摆放和对齐元素，以及如何高效合理地使用标题、标签和注释。

第 7 章 原则六：讲好故事

故事能引起我们的共鸣、与我们相伴，这是数据所无法企及的。这一章会介绍可用于数据沟通的讲故事技巧，探讨能跟故事大师学到什么经验。故事都有明确的开头、中间和结尾部分，我们会讨论如何在商业演讲中应用这套框架。这一章还会涉及有效讲故事的策略，包括重复、叙述速度以及口语和书面表达的考虑等，确保故事在沟通中清晰地呈现出来。

第 8 章 六步做出好图表

这一章通过一个真实的案例，全面回顾用数据讲故事的流程，然后讲述一个完整的故事。我们用这些技巧以及图表、叙述等成果完整展示如何从单纯展示数据进阶到用数据讲好故事。

第9章 坏 PPT 大改造

这一章通过一系列案例研究来探讨数据沟通中常见挑战的具体应对策略，包括深色背景上的颜色选用，在图表中使用动画效果建立逻辑顺序，避免面条图的策略，以及饼图的替代品。

第10章 个人精进和团队提升

数据可视化和一般意义上的用数据沟通是科学与艺术的结合体。它显然有科学的一面，可以遵循最佳实践和指导，同样也有艺术的成分。带着我们教授的技巧踏上你的数据可视化之路，利用你的艺术思维简化受众理解信息的过程。在这最后一章中，我们会给出继续深入学习的建议，以及在团队和组织中培养用数据讲好故事的能力的策略，最后会回顾一下所学的课程。

总而言之，本书能够让你学会用数据讲一个好故事。让我们开始吧！

目　录

第 1 章

原则一：理解语境

虽然听起来可能很矛盾，但是数据可视化的成功并不始于数据可视化。其实在开始着手数据可视化或者沟通之前，应该在理解语境上多花些时间和精力。在本章中，我们会重点理解语境的重要之处，并谈谈如何为成功地用数据可视化进行沟通做好准备。

探索性分析和解释性分析

在详细讨论语境之前，有一点必须要明确，那就是探索性分析和解释性分析有着非常重要的区别。探索性分析是指理解数据并找出其中值得关注或分享给他人的精华。这就像在牡蛎中寻找珍珠，可能打开一百个牡蛎（尝试上百种不同的假设或者从上百种不同的角度审视数据）才能碰巧找到两颗珍珠。而在向受众进行分析的时候，我们迫切希望能够言之有物，例如解释某一件事或者讲述某一个故事——或许正是关于那两颗珍珠。

人们往往在应该进行解释性分析的时候（花时间将数据抽象为受众能够消化的信息：两颗珍珠）错误地进行了探索性分析（简单地展示全部数据：一百个牡蛎）。这种错误是可以理解的。在进行了完整的分析后，你可能很想向受众展示所有内容，因为可以以此来证明你所做的工作以及分析的可靠性。请抑制住这样的冲动，因为那会让受众重复打开所有的牡蛎。把注意集中在珍珠上，这才是你的受众需要了解的信息。

本书将着重介绍解释性分析和沟通。

对象、内容和方式

　　谈到解释性分析，在可视化数据或创建图表之前必须思考并明确几件事。首先，你在跟谁沟通？深入了解你的受众是谁以及他们如何看待你非常重要。这可以帮助你发现你与受众的共识，从而确保他们能够听懂你的信息。其次，你希望受众了解哪些内容或者做出什么行动？你应该明确你希望受众如何反应，并考虑你的沟通方式以及整体基调。

　　只有在你能简洁地回答以上两个问题时，你才算真正准备好了面对第三个问题：如何用数据表达自己的观点？

　　让我们详细来看看对象、内容和方式的关联。

讲给谁听

你的受众

　　你的受众越具体，你就越能成功地进行沟通。避免使用"内部和外部的利益相关者"或"任何感兴趣的人"这样空泛的词语描述受众，因为一次性尝试与太多需求不同的人沟通，远没有与细分的一部分受众沟通高效。有时，这意味着针对不同的人采取不同的沟通方法。细分受众的方法之一便是识别决策者。你对受众了解得越多，就越能准确理解如何与之产生共鸣，如何在沟通中满足双方的需求。

你自己

　　思考你与受众的关系，以及你期望他们如何看待你，对沟通是非常有帮助的。这次沟通是你们首次见面，抑或双方已经相识？对方已经视你为可以信赖的专家，抑或你还需要努力树立威信？这些考虑对于组织沟通的结构，以及判断是否及何时使用数据都非常重要，并且会影响你所讲的整个故事的顺序和信息量。

内容

行动

你需要受众了解哪些内容或者做出什么行动？你应该通过这个问题想明白如何使沟通对受众有意义，并就他们为何要关心你说的话获得清晰的认识。你应该每时每刻都有一个目标，并希望受众了解或者完成它。如果你不能简洁而清楚地表达这个目标，那就应该首先重新审视是否需要沟通。

这对很多人而言都是舒适区之外的问题，原因在于人们通常认为受众比演讲者更了解话题，因此应该是受众选择是否以及如何对展示的信息做出反应，但这样的假设是错误的。当你分析数据并进行沟通时，你很有可能是最了解数据的人——你是该主题的专家。因此你才是解读数据并帮助人们理解和做出反应的人。总之，基于分析进行具体的观察和推荐时，用数据进行沟通的人需要更为自信。如果你不经常用数据进行沟通，便会感觉走出了舒适区。现在就开始吧，随着时间推移，这会变得越来越简单。请记住，即使你强调或推荐了错误的结论，只要将沟通的过程聚焦在行动上就不会走错路。

如果真的不适合针对行动提出明确的建议，发起讨论也是值得鼓励的。对候选行为提出建议是让交流继续下去的明智之举，因为这会让受众有参照物而非从空白开始。如果你只简单地展示数据，受众很容易在说一句"真有趣"之后转入下一件事情。但如果你要求他行动，他就得决定是否回应。这就引出了更有建设性的反馈，从而让对话也更有建设性——而如果你最开始不针对行为提出建议，或许他一直都在原地踏步。

用于激发行动的词语

 你决定想让受众采取什么行动时，可以参考以下表示行为的词语：

接受 | 同意 | 开始 | 相信 | 改变 | 协作 | 着手 | 创建 | 辩护 | 想要 | 分辨 | 行动 | 移情 | 授权 | 鼓励 | 参与 | 建立 | 检查 | 促进 | 熟悉 | 形成 | 实现 | 包括 | 影响 | 投入 | 鼓舞 | 了解 | 学习 | 喜欢 | 劝说 | 计划 | 提升 | 追求 | 推荐 | 接收 | 记住 | 报告 | 答复 | 促成 | 支持 | 简化 | 启动 | 尝试 | 理解 | 验证

机制

你会如何与受众沟通？与受众沟通的方法会对两方面产生影响：受众消化信息的可控程度和信息披露的详细程度。我们可以将沟通机制视为一个闭联集，如图 1-1 所示，左侧是现场演示，右侧是书面文档或电子邮件。不妨思考一下，需要披露的信息的详细程度和受众消化信息的可控程度。

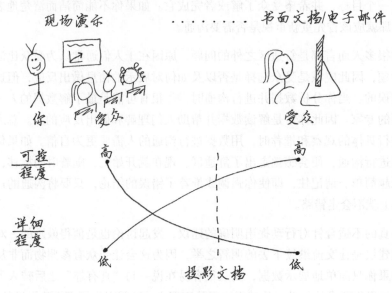

图 1-1　沟通机制闭联集

在左侧的现场演示场景中，你作为演讲者对演讲有完全的控制权。你决定了受众看到的内容以及何时看到。你可以针对现场的种种迹象进行调整：加快、减慢或者针对某一点调整信息详细程度。不是所有的细节都需要直接包含在 PPT 或者展示文件中，因为你作为主题专家可以现场回答演示过程中的提问，而且不管涉及的细节是否呈现在演示当中，你都应该做好回答的准备。

现场演示，熟能生巧

别 把 PPT 当作提词器——不要在演示的时候大声阅读每一页 PPT，这对受众而言是很糟糕的体验。你需要熟悉演讲的内容才能做好演示，这意味着练习、练习、再练习。保持 PPT 内容简洁，只呈现能够强化演讲的内容。你要借助 PPT 想起下一个话题，但不应该把它当作讲稿。

以下是对准备演讲时熟悉材料的一些建议。

- 写下每页 PPT 的重点。
- 大声讲给自己听。这有利于同时激活大脑左右半球，从而帮助你记住演讲的重点。这还能迫使你练好 PPT 之间的承接词，避免像其他人一样卡壳。
- 在朋友或同事面前做一次模拟演讲。

在右侧的书面文档/电子邮件场景中，你（即便是文档或者邮件的作者）的控制权少了很多。在这种情况下，受众可以控制如何消化信息。鉴于你不在现场，无法对受众的反应进行回应，文档或邮件所需的细节程度显然要更高，也需要直接回答更多潜在的问题。

在理想情况下，闭联集中两侧的产物是截然不同的——简洁的 PPT 用于现场演示（因为你会在现场详细地解释一切），翔实的文档则留给受众自行消化。但实际上由于时间及其他限制，常常用同一份文档来满足两种需求。这就引出了投影文档的概念——一份专用于满足两种需求的文档。当然，由于投影文档旨在解决多样化的需求，它也带来了更多的挑战。我们会在后文中研究解决和克服这些挑战的策略。

在沟通过程的初期，确定主要的沟通媒介至关重要：现场演示、书面文档或者其他方式。在开始编写内容后，思考可控程度和详细程度也是非常重要的。

语气

你在沟通时想用什么样的语气呢？与受众沟通的语气也是另一项重要的考量要素。你是在庆祝成功还是鼓励行动？话题是轻松的还是严肃的？你选取的语气对后续章节探讨的设计选择同样有影响。不过我们暂时只考虑在数据可视化过程中一般使用什么样的语气。

方式

最终，只有在明确了受众是谁以及希望他们了解或做什么之后，我们才能针对数据提出下面的问题：究竟有什么样的数据可以用来表达观点？数据成了你所讲述的故事的支撑性依据。我们会在后续章节中更详细地讨论如何利用图形展示数据。

忽略不利的数据？

你或许会想当然地认为，只展示能够支撑观点的数据，而忽略别的数据，能够让案例更有说服力。我不建议这样做。这不仅是在用一个片面的故事误导受众，而且是非常危险的。眼光敏锐的受众会戳穿站不住脚的故事，质疑因隐瞒而导致片面的数据呈现。背景信息、正面数据、反面数据各多少才算适量，这会因场景、对受众的信任程度以及其他因素的不同而异。

举例说明对象、内容和方式

我们用一个具体的例子来解释这些概念。想象你是一名小学四年级的科学老师，刚刚圆满完成了一个暑期科学试点项目，该项目旨在让孩子们接触小众的科学主题。你用问卷来了解孩子们对于科学的感受在项目前后的变化，调查结果让你坚信项目大获成功，并愿意继续举办这样的暑期科学项目。

我们先从对象开始，识别例子中的受众。例子中有一些潜在的受众可能会对调查结果感兴趣：参与项目的学生的家长，预期未来会参与项目的学生的家长，潜在的未来参与者，有兴趣开展类似项目的其他教师，以及管理项目资金的预算委员会。可以想象，针对上述每一类受众，你讲的故事会有差异，强调的重点会有变化，呼吁的行动会有所不同，展示的数据（甚至是否展示数据）也会有区别。也可以想象，如果我们奢望通过一次沟通来满足所有这些不同受众的需求，很可能最终无法满足任何一方的需求。这就说明事先识别受众并在沟通中时刻记住受众是谁非常重要。

假设在这个案例中我们的受众是预算委员会，他们控制着项目赖以持续的资金。

知道了对象是谁，有关内容的问题就更容易识别和表述。如果我们在与预算委员会沟通，焦点可能在于展示项目的成功并申请一定的资金用于项目的继续开展。内容也明确之后，下一步就是审视可用的数据，思考如何在讲故事的时候将其转化为依据。我们显然可以用项目前后的问卷数据，来说明项目使得孩子们对科学的好感度有所提升。

这个案例在后面还会出现，因此我们回顾一下受众是谁，我们想让他们知道什么、如何行动，以及支持我们论点的数据。

- ❑ **对象**：可以批准资金使暑期科学项目得以继续开展的预算委员会。
- ❑ **内容**：暑期科学项目是成功的，申请 X 美元用于继续开展项目。
- ❑ **方式**：用项目前后的问卷数据展示项目是成功的。

询问背景：实用问题

沟通通常是为了完成别人的请求：客户、利益相关者或者你的老板。这代表你可能无法掌握全部的背景资料，需要询问请求者从而全面了解情况。有时请求者脑中还有额外的信息，但是误以为是已知信息或者不想说出来。下面是一些可以帮助你梳理出背景信息的问题。如果你是请求的一方，可以提前思考如何回答这些问题。

- ❑ 有哪些至关重要的背景信息？
- ❑ 受众和决策者都是谁？对他们有什么了解？
- ❑ 受众可能对话题存在什么样的偏见？
- ❑ 有什么样的数据可以支撑这个案例？这些数据是受众所熟悉的还是不常见的？
- ❑ 有什么风险？什么因素会弱化案例？我们是否需要主动提出来？
- ❑ 成功的产出是什么样的？
- ❑ 如果时间有限或者只能用一句话告诉受众需要做什么，你会说什么？

我发现最后两个问题可以让对话更深入。在开始准备沟通之前，了解期望的产出是什么对于成功至关重要。设置一个重要的限制（短时间或者一句话）有利于将整个沟通提炼成一条最重要的信息。为此，我建议了解并使用三分钟故事和中心思想这两个概念。

三分钟故事和中心思想

这两个概念背后的理念就是将沟通提炼成一小段话并最终精炼为一句简洁的陈述。你必须非常了解情况，即知道什么是最重要的，什么在最精练的版本中无足轻重。虽然这听起来容易，但简洁往往比详细更有挑战性。数学家和哲学家布莱斯·帕斯卡就曾用法语表达过这一观点，翻译过来便是"我宁愿写一封更简短的信，但我没有足够的时间"（常被误认为出自马克·吐温）。

三分钟故事

准确来讲，三分钟故事就是：如果你只有 3 分钟的时间把必要的信息告诉受众，你会讲什么？这是确保你对所要讲的故事理解得清晰透彻的好办法。能做到这一点，你在演讲时就可以摆脱对 PPT 或者图表的依赖。这在很多场景下很实用：当老板问你正在忙什么时；当与利益相关方同在一部电梯里，想要快速做一个简短的汇报时；当日程上定好的半小时缩短到 10 分钟乃至 5 分钟。如果你非常清楚需要沟通什么，就能适应任何时间空档，即便与你之前准备的不同。

中心思想

中心思想即将沟通内容进一步精炼为一句话。这是南希·杜阿尔特在她的《沟通》一书中提出的概念。她认为中心思想的三要素如下：

(1) 观点清晰；

(2) 阐述利弊；

(3) 句意完整。

下面我们针对之前的暑期科学试点项目这个案例归纳三分钟故事和中心思想。

三分钟故事：我们几个科学组的教师正在对如何解决即将升入四年级的学生的问题进行头脑风暴。这些孩子第一次上科学课时可能会感觉"课程很难"或"不会喜欢这门课"。我们需要在学年初花相当长的时间才能扭转这一情况。所以我们想，如果让孩子们早些接触科学会怎么样？我们能否改变他们的感受？带着这个目标，去年暑期我们尝试组织了一个试点学习项目。我们邀请了很多小学生，最终有一大批二三年级的学生参与。我们的目的是让他们提前接触科学，以期形成好感。为了验证项目是否成功，我们在项目前后对学生进行了问卷调查。结果表明，在项目初期，40% 的学生觉得科学也就那样，而项目结束之后大多数学生对科学有了好感，近 70% 的学生表示对科学有一定的兴趣。这说明项目取得了成功，我们不仅应该继续开展，还要逐渐扩大覆盖范围。

中心思想：暑期科学试点项目在提升学生对科学的好感度方面取得了成功，因此我们建议继续开展，恳请批准项目预算。

当你将故事精炼到这样清楚和简洁的程度，准备沟通的内容就变得简单多了。接下来我们换个话题，讨论一下准备内容时的具体策略：故事板。

故事板

故事板大概是你为确保沟通切题所能提前做的最重要的一件事了。它能确立沟通的结构，是打算创建的内容的可视化大纲。尽管故事板会随着更多细节展开而改变，但尽早确定结构将带你走向成功。如果可以，尽量在这一步获得客户或利益相关者的认同。这有助于你确保你的计划是与需求一致的。

提到故事板，我最大的建议是不要从 PPT 软件开始。很容易还没想清楚如何组织各个部分就陷入制作 PPT 的模式中，最终只留下一套臃肿却言之无物的 PPT。而且当我们开始用计算机编写内容时，演讲就多了一个牵绊——即便明知道做出来的东西偏题了或需要修改、丢弃，我们有时也会因为付出了心血而拒绝这样做。

要避免这种不必要的牵绊（和工作），可以用科技含量较低的方式，例如白板、便利贴或白纸。将想法在纸上写成一句话显然要简单得多，扔掉一张便利贴也不会像在计算机上删除大作那样有失落感。我喜欢用便利贴做故事板，因为可以简单地重排（同时增删）这些便利贴来探索不同的叙述流程。

如果我们为暑期科学试点项目建立故事板，最终可能就像图 1-2 那样。

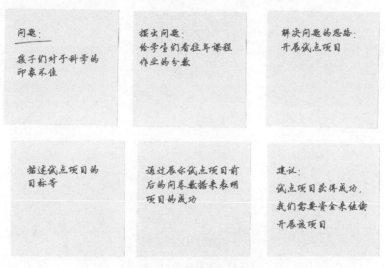

图 1-2　故事板示例

　　注意，在这个故事板示例中，中心思想在最后的"建议"部分。或许我们应该从中心思想开始，以免受众抓不住要点，并首先确立为什么沟通、为什么受众需要关心这件事。我们会在第 7 章中讨论其他关于叙述顺序和流畅性的问题。

重点回顾

　　提到解释性分析，在开始构建内容之前，简洁精确地描述沟通的对象和内容能够减少迭代的次数，也有助于确保沟通能够满足预期的目标。理解并使用三分钟故事、中心思想和故事板等方法，能够让你简洁清楚地讲故事并确定期望的流程。

　　尽管在沟通之前停顿一下看起来放慢了你的脚步，但实际上这有助于你在开始创建内容之前扎实地理解需要做的事情，最终节省你的时间。

　　现在，你已经明白了语境的重要性。

第 2 章

原则二：选择恰当的图表

用于呈现数据的图表和其他视觉元素、种类繁多，但只要掌握其中的一小部分就能满足绝大多数需求。当回顾去年为研讨会和咨询项目设计的 150 多种视觉呈现效果时，我发现用到的只有十几种类型（图 2-1）。这些正是本章重点讨论的内容。

91%

简单文本

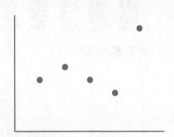

散点图

	A	B	C
类别 1	15%	22%	42%
类别 2	40%	36%	20%
类别 3	35%	17%	34%
类别 4	30%	29%	26%
类别 5	55%	30%	58%
类别 6	11%	25%	49%

表格

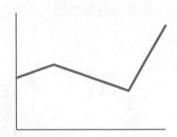

折线图

图 2-1　我常用的图表

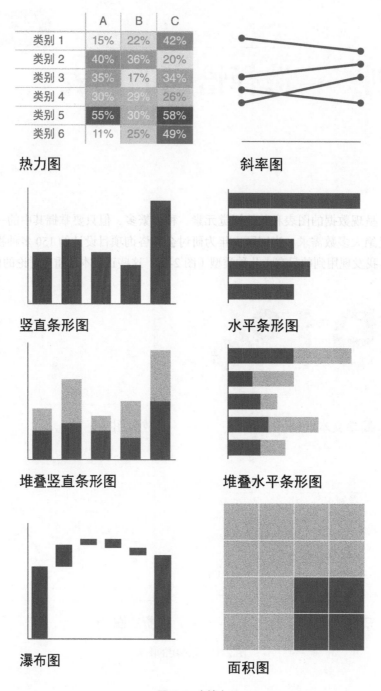

热力图   斜率图

竖直条形图   水平条形图

堆叠竖直条形图   堆叠水平条形图

瀑布图   面积图

图 2-1（续）

数据少时使用简单文本

当你只有一两项数据需要分享时，简单文本是绝佳的沟通方法，可考虑只用数字（尽可能突出）和一些辅助性文字来清晰地阐述观点。除了可能产生误导之外，在表格或者图形里只放一个或几个数字也会让数字失去原有的魅力。当你只需要展示一两项数据时，不妨考虑只用数据本身。

让我们用下面的例子阐释这个概念。2014 年 4 月，某研究中心发布的一份关于全职妈妈的报告中有一幅类似图 2-2 的图。

拥有全职妈妈（丈夫工作）的孩子占比

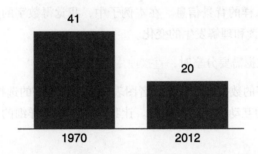

注：基于18岁以下孩子的数据，将他们的妈妈按1970年和2012年的就业状态分类。

数据来源：某研究中心1971年和2013年对3月综合公共利用微数据系列（IPUMS-CPS）现有人口调查的分析。

图 2-2　全职妈妈报告原图

拥有数据并不代表你一定需要用上图表。图 2-2 用了相当多的文字和空间仅仅为了展示两项数据。图本身对数据的解读并没有多少帮助（而且由于数据标签在条形图的外面，甚至会影响你的认知，让你从视觉上很难发现 20% 数据条的高度不及 41% 数据条的一半）。

这个案例中，简单的一句话就足够了：2012 年 20% 的孩子由传统意义上的全职妈妈照顾，而 1970 年这个数字是 41%。

你可以在 PPT 或报告中用类似图 2-3 的表示方法。

2012年20%

的孩子由传统意义上的全职妈妈
照顾，而1970年这个数字是41%

图 2-3 全职妈妈简单文本改造图

顺便说一下，在本例中你或许会考虑展示完全不同的度量标准。例如，你可以用百分比的变化来重新定义："从 1970 年到 2012 年，由全职妈妈照顾的孩子比例降幅超过 50%。"但我建议谨慎采用这一表述，如果要将多项数据缩减为一项，必须先想想可能丢失什么样的背景信息。在本例子中，我觉得数字的实际大小（20% 和 41%）有助于受众解读和理解发生的变化。

当只有一两项数据需要分享时，直接使用数据即可。

当需要展示更多的数据时，表格或者图表一般来说是好的选择。需要注意的是，受众与这两种形式的互动方式是不同的。让我们分别进行详细的讨论，看看具体的分类和使用案例。

表格的主角是数据

表格会调动我们的口头表达系统，这意味着我们会阅读表格。当面前有一张表格时，我通常会用到食指：我会逐行逐列地读，并且比较每个格子里的值。表格最适合的场景是，与一群受众沟通，他们会寻找各自特定的兴趣点。如果你需要展示不同的计量单位，用表格通常也会比图形更简单。

现场演示时应避免用表格

在 现场演示中使用表格往往不是一个好主意。当受众阅读表格的时候，他们不再听你口头表达的观点。当你在 PPT 或者报告中使用表格的时候，问问自己：我想要表达什么观点？你有可能找到更好的办法找出资料并进行视觉呈现。如果这样做丢失了太多信息，不妨考虑将完整的表格放在附录中，并放一个链接以满足受众的需求。

　　使用表格时需要记住的一点是，让设计融入背景，让数据占据核心地位。不要让显眼的边框和阴影与数据争夺受众的注意。相反，要使用窄边框或者空白来突出表格中的元素。

　　看看图 2-4 中的示例表格，注意第二个和第三个表格中的数据为何比表格结构更突出（窄边框、无边框）。

粗边框

分组	指标 A	指标 B	指标 C
分组 1	$X.X	Y%	ZZZZ
分组 2	$X.X	Y%	ZZZZ
分组 3	$X.X	Y%	ZZZZ
分组 4	$X.X	Y%	ZZZZ
分组 5	$X.X	Y%	ZZZZ

窄边框

分组	指标 A	指标 B	指标 C
分组 1	$X.X	Y%	ZZZZ
分组 2	$X.X	Y%	ZZZZ
分组 3	$X.X	Y%	ZZZZ
分组 4	$X.X	Y%	ZZZZ
分组 5	$X.X	Y%	ZZZZ

无边框

分组	指标 A	指标 B	指标 C
分组 1	$X.X	Y%	ZZZZ
分组 2	$X.X	Y%	ZZZZ
分组 3	$X.X	Y%	ZZZZ
分组 4	$X.X	Y%	ZZZZ
分组 5	$X.X	Y%	ZZZZ

图 2-4　表格边框

　　边框应该用来提升表格的易读性。用灰色让边框融入背景，或者干脆去掉边框。应该突出的是数据，而非边框。

　　接下来，让我们关注表格的一个特例：热力图。

热力图

　　有一种办法能够将表格中的细节和视觉暗示结合起来，那就是热力图。热力图是用表格的形式可视化数据的一种方法，在显示数据的地方（在数据之外）利用着色的单元格传递数据相对大小的信息。

　　在图 2-5 中，左右分别以表格的形式和以热力图的形式展示了一些通用数据。

　　面对图 2-5 中的表格，你只能阅读数据。我发现自己在逐行逐列地扫视，期望了解正在阅读的内容，并在脑海中排列数据和类别。

　　为了缩短脑海中的这个处理过程，我们可以用颜色饱和度提供视觉上的暗示，帮助眼睛和大脑更快地捕捉潜在的兴趣点。在右边的热力图中，蓝色的饱和度越高，对应的数字就越大。这使得找出颜色光谱的两极，即最小的数据（11%）和最大的数据（58%），比在原来那个没有视觉暗示指引的表格中更为简单快捷。

表格

热力图

低-高

	A	B	C
类别 1	15%	22%	42%
类别 2	40%	36%	20%
类别 3	35%	17%	34%
类别 4	30%	29%	26%
类别 5	55%	30%	58%
类别 6	11%	25%	49%

	A	B	C
类别 1	15%	22%	42%
类别 2	40%	36%	20%
类别 3	35%	17%	34%
类别 4	30%	29%	26%
类别 5	55%	30%	58%
类别 6	11%	25%	49%

图 2-5　相同数据的两种视图

制图应用（例如 Excel）通常内置条件格式的功能，你可以轻松地使用图 2-5 中的格式。当你使用热力图的时候，记住每次都要附带图例以帮助读者解读数据（在本例中，热力图用子标题"低－高"与条件格式的颜色相对应来达到这一目的）。

接下来，让我们将话题转到第一时间想到的数据可视化形式：图表。

4 种常用图表

表格调动我们的口头表达系统，而图则调动视觉系统。视觉系统处理信息的速度更快，这也就意味着设计良好的图表通常能够比设计良好的表格更快地传达信息。如我在本章开始提到的那样，图表的类型实在太多，但其中的少数就能满足大多数日常需求，这无疑是个好消息。

我经常使用的图表可分为 4 种：点图、线图、条形图和面积图。我们会结合具体情况和示例，详细地讨论每一种类型以及我日常使用的子类型。

图表还是图？

有些人为图表和图形划分了界限。通常意义上，"图"（chart）是一个更宽泛的类别，而"图表"（graph）只是其中的一个子类别（其他类别的图表还包括地图和图解）。我不倾向于做这样的区分，因为我日常使用的图都是图表。在本书中，图表和图两个词可以互换。

点图

散点图

散点图在展示两件事的关系时很有用，因为可以同时将数据对应到 x 轴和 y 轴上，观察是否存在某种关系以及存在何种关系。散点图在科学领域使用得更为频繁（或许因此对不了解的人来说，看起来更难以理解）。尽管使用不频繁，但在商业领域中同样有散点图的用例。

例如，假设我们管理公交车队，希望能理解行驶英里①数与每英里成本之间的关系。散点图如图 2-6 所示。

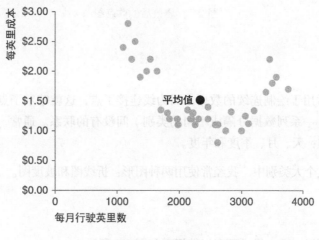

图 2-6　散点图

假如我们想要重点关注每英里成本高于平均水平的情况。图 2-7 是一个微调的散点图，可以更快地将我们的注意吸引到每英里成本高于平均水平之处。

我们可以通过图 2-7 观察出，当行驶英里数少于 1700 英里或者多于 3300 英里时，每英里成本会高于平均水平。我们会在后续章节中讨论这里的设计选择以及相应的原因。

---

① 1 英里≈1.61 千米。——编者注

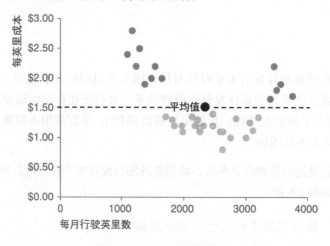

图 2-7　修改后的散点图

线图

　　线图最常用于绘制连续的数据。因为线连接了点，这就暗示了点与点之间存在着离散数据（一系列数据分隔成不同的类别）间没有的联系。通常，连续性数据都以时间为单位：天、月、季度和年度。

　　在线图这个大类别中，我经常使用两种图形：折线图和坡度图。

折线图

　　折线图可以展示一组或更多组数据，如图 2-8 所示。

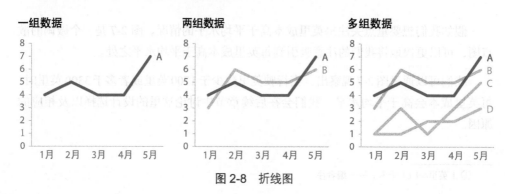

图 2-8　折线图

需要注意的是，当你以时间作为 x 轴画折线图时，数据必须有一致的时间间隔。最近我看到一幅图，其中 x 轴的时间单位是 10 年，从 1900 年开始（1910、1920、1930 等），然后突然转到 2010 年以后，以年为单位（2011、2012、2013、2014）。这意味着以 10 年为单位的点间距与以年为单位的点间距看起来是相同的。这样展示数据会产生误导。画图时务必保证时间间隔的一致性。

在折线图中展示范围内的平均值

在 某些情况下，折线图中的线可能代表一个综合的统计数据，比如平均值或者预测的点估计。如果你还想展现范围（或者置信区间，视具体情况而定），可以直接在图上进行可视化。例如，图 2-9 中展现了一个机场在 13 个月内检查护照时间的最小值、平均值和最大值。

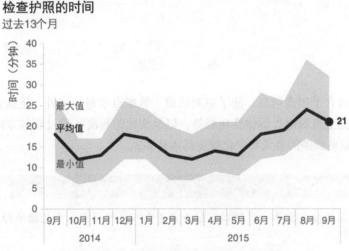

图 2-9　在折线图中展示范围内的平均值

坡度图

坡度图适用于两个时间段或者两组对比数据点，可以快速地展示两组数据之间各维度的相对提升、降低等差异。

体现坡度图价值和用法的最佳途径就是展示一个具体的示例。想象你正在分析和沟通最近某项职工反馈调查的数据。为了展示调查数据从 2014 年到 2015 年各维度的相对变化，最终的坡度图类似图 2-10。

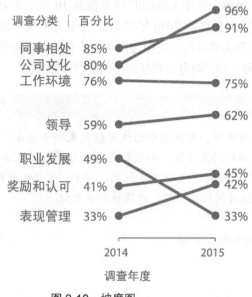

图 2-10 坡度图

坡度图组合了很多信息，除了绝对数值（数据点本身）之外，连接数据点的线条能够在视觉上直观地告诉你变化趋势，以及变化的程度（通过倾斜方向和坡度），而无须解释这些线条的意义和变化程度具体是多少。

坡度图模板

坡 度图的绘制需要一些耐心，因为它通常不是作图应用中包括的标准图形。

在具体使用时，坡度图能否起作用取决于数据本身。如果很多线条重叠在一起，坡度图或许起不到作用，但有些情况下你仍然可以通过只强调其中的一个来达到目的。例如，下面的示例可以将受众的注意集中在"职业发展"这一随时间降低的维度上。

在图 2-11 中，我们的注意被立即吸引到"职业发展"的降低这一变化上，而其他数据在保留背景信息的同时不会造成干扰。第 4 章在讨论前注意属性时，会对背后的策略进行深入讨论。

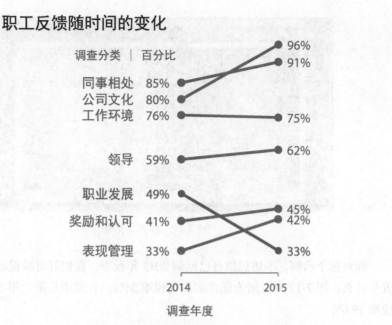

图 2-11　修改后的坡度图

　　线图在展示数据随时间变化方面表现优异，但当涉及信息分类时，条形图是我的首选。

条形图

　　由于条形图太常见，人们有时会避免使用条形图。这显然是错误的。正因为条形图常见，我们才应该多使用条形图，使受众的学习成本更低。这样，受众在看图时，能够将脑力用在信息提取上，而不是绞尽脑汁试着去理解应该如何读图。

　　条形图易于阅读。我们用眼睛比较条形图的末端，很容易快速得出结论：哪一类最大、哪一类最小以及类别之间的增减区别。注意，因为我们比较条形图的相对末端，所以条形图一定要有原点（x轴和y轴的交点），否则会让人们进行错误的视觉比较。

　　考虑图 2-12 中的新闻示例。

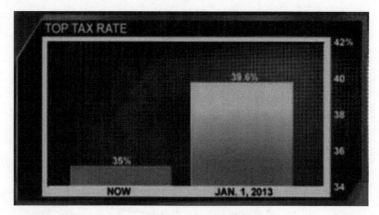

图 2-12 新闻条形图

面对这个示例，不妨想象自己回到 2012 年秋季，我们好奇减税政策结束之后会发生什么。图 2-12 中左侧为现在的最高税率 35%，右侧则是第二年 1 月 1 日的最高税率 39.6%。

看这幅图时，你对未来减税政策结束有什么看法？或许担心税率的大幅提升？让我们仔细看看。

注意纵轴的底端（最右侧）是从 34% 开始的，而不是 0。这意味着条形图理论上应该向下延伸到页面的底部。事实上，按图中的画法，视觉增长达到了 460% [条形图的高度是 35-34=1 和 39.6-34=5.6，所以（5.6-1）/1=460%]。如果我们以 0 作为纵轴起点，条形图按实际高度绘制（35 和 39.6），实际视觉增长只有 13% [（39.6-35）/35]。我们可以在图 2-13 中进行比较。

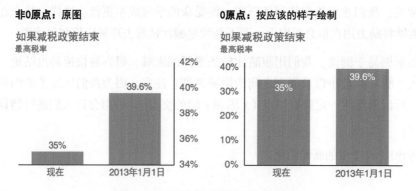

图 2-13 条形图一定要以 0 为原点

在图 2-13 中，左侧的大幅增长在正确作图后有了相当大的减少。或许税率的提升并没有那么令人担忧，至少不像原先描述得那样严重。因为我们用眼睛比较条形图的相对末端，所以合理绘制条形图对于准确比较至关重要。

你会注意到图 2-13 中还有一些别的设计变化。y 轴的标签从原图右侧移动到了左侧（这样我们在看到实际数据之前可以知道如何解读数据）。百分比的标签从条形图外面移动到了里面，以避免干扰。在其他场景下，我或许还会直接省略 y 轴，只用条形图内部的数据标签来减少重复信息。但是在这个示例中，我保留了坐标轴，用以明确它应该从 0 开始。

坐标轴和数据标签

作 图过程中常常需要决定是保留坐标轴标签，还是省略坐标轴而直接标记数据点。为了做出正确的决定，你需要考虑是否需要呈现详细数据。如果你希望受众重点关注整体趋势，可以考虑保留坐标轴，但是将其置灰来削弱其重要性。如果某些具体的数值很重要，直接标记或许更好。在后一种情况下，通常最好省略坐标轴以避免包含重复信息。请记得，每次都要考虑你希望受众如何使用图表，并据此来作图。

我们这里提出的规则是条形图必须以 0 为原点。注意这条规则并不适用于线图。对于线图来说，由于重点在于空间中的相对位置（而非相对坐标轴的长度），故可以使用非 0 的原点。但你仍然要谨慎，要向受众明确你正在使用非 0 原点，并且将背景信息考虑进来，以避免将微小的变化过度放大。

数据可视化要遵循道德

如 果改变条形图的比例或者修改数据能够更好地佐证观点，你会怎么做？用不精确的图表进行误导是不正当的行为。除了道德方面的考虑之外，这还十分危险。只要有一个敏锐的受众发现问题（例如条形图的 y 轴不是从 0 开始的），你的整套言论和信誉就都会被唾弃。

在考虑条形图长度的同时，我们也花一些时间在条形图的宽度上。其实并没有必须遵守的规则，但总的来说条形图的宽度要比条形图之间的空白更宽。你也不会希望条形图太宽，以至于受众想要比较面积而非长度。用图 2-14 体会一下条形图的

"宜居带"：过窄、过宽和恰到好处。

我们已经从总体上讨论了条形图的一些最佳实践。接下来让我们看看条形图的一些"变种"。掌握一些条形图，你就能够更灵活地面对数据可视化挑战。我们会讨论一些我认为你应该熟悉的种类。

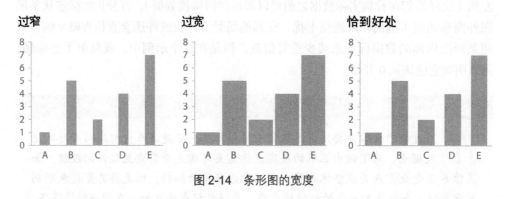

图 2-14　条形图的宽度

竖直条形图

最普通的条形图就是竖直条形图，又称柱形图。与线图一样，竖直条形图也可包含一组或更多组数据（如图 2-15 所示）。注意，当你添加多组数据时，专注其中一组并得出结论就变得更为困难，所以应谨慎使用包含多组数据的条形图。同时也要注意，当有多组数据时，空白会把条形图分隔成视觉组。这使得类别的相对顺序变得重要。想想看你希望受众比较什么，并以此构造分类的层级，使之越简单越好。

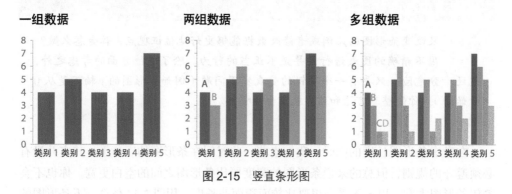

图 2-15　竖直条形图

堆叠竖直条形图

堆叠竖直条形图的用处有限。它在比较各类别之间总体区别的同时，还能展示每个类别中子成分的占比情况。但这会很快让受众产生视觉上的压力，尤其是采用大多数作图应用中的默认配色方案（诸如此类）后。除了底部的子成分（紧贴 x 轴之上的那些），你很难比较其他子成分在跨类别时的情况，因为不再有统一的基线可供比较。如图 2-16 所示，这使得用肉眼比较变得更难。

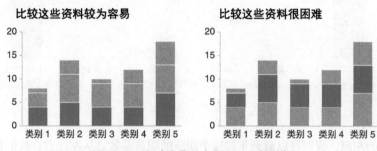

图 2-16　通过堆叠竖直条形图比较数据

堆叠竖直条形图可以用绝对数值（如图 2-16 直接绘制数值）组织，也可以让每列的值之和为 100%（绘制每个片段占总体的百分比，第 9 章中有具体示例）。如何选择取决于你试图向受众传达什么内容。当你使用 100% 的堆叠条时，不妨思考附带每个类别总的绝对数值是否也有意义（既可以用不引人注目的方式直接将其包含在图形中，也可以用脚注的形式标记出来），这对数据解读也许会有帮助。

瀑布图

瀑布图可用于抽离出堆叠条形图中的一部分予以重点关注，或者展示起点和结果，以及其中的上升下降等变化。

展示瀑布图的最好办法就是分析一个具体的示例。想象你是一名人力资源合伙人，想要与你服务的客户组沟通过去一年中职员总数的变化情况。

图 2-17 便是一幅展示分解过程的瀑布图。

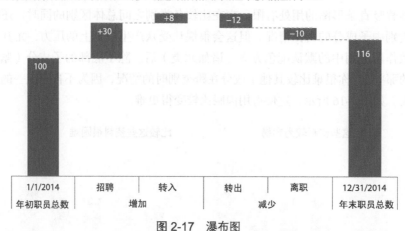

2014年职员总数

尽管转岗离开团队的职员比转入的多，激进的招聘策略导致全年总人数上升了16%

1/1/2014	招聘	转入	转出	离职	12/31/2014
年初职员总数	增加		减少		年末职员总数

图 2-17　瀑布图

　　在图的左侧，我们可以看到年初这个团队的职员总数。从左往右，我们首先会看到数据的提升：新招聘以及从该组织的其他团队转岗来的职员。之后数据减少：职员转岗到别的团队或离职。最后一列代表了在年初基础上增减之后的年末职员总数。

破解瀑布图

如 果你的作图应用没有自带瀑布图功能，别担心。秘诀就在于借用堆叠条形图的功能，将第一组数据（紧贴着 x 轴的那些）设为隐藏。这需要一些计算才能设置正确，不过非常好用。

水平条形图

　　如果一定要为分类数据挑选一种图表，我会选水平条形图，也就是将竖直条形图旋转 90 度。为什么呢？因为它非常容易阅读。水平条形图在类别名称很长的时候极其有效，因为文字是从左往右书写的，与大多数受众的阅读顺序一致，这使你的图形容易阅读。而且由于我们从左上角开始在页面或者屏幕上画"之"字处理信息的方式，与水平条形图的结构一致，我们会在实际数据之前先看到类别的名称。这意味着当我们看到数据时已经了解了其所代表的含义（而不像竖直条形图那样在数据和类别名称之间来回切换视线）。

与竖直条形图一样，水平条形图也可以有一组或更多组数据，如图 2-18 所示。

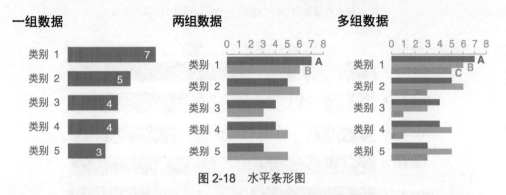

图 2-18　水平条形图

类别的逻辑顺序

在 设计展示类别数据的图表时，你需要对类别的顺序深思熟虑。如果类别天生是有序的，不妨使用这个顺序。例如，如果类别是年龄段——0~10 岁、11~20 岁等，则保留这些类别的数值顺序。但如果类别没有自然顺序可以使用，则要考虑怎样的顺序对你的数据是最有意义的。这也意味着给受众提供一个选择，帮助他们简化解读的过程。

（在没有其他视觉暗示时）受众通常会从左上角开始看图，然后按"之"字形来回阅读。这意味着他们会最先看到图形的上方。如果最大的类别最为重要，不妨考虑将它放在最开始，并将剩余的类别按数值降序排列。如果最小的类别最为重要，则将它放在最开始，并按升序排列剩余的类别。

第 9 章的第三个案例分析中有关于数据逻辑顺序的具体示例。

堆叠水平条形图

与堆叠竖直条形图类似，堆叠水平条形图也可以用于展示不同类别间整体或者子成分的比较，同样可以按绝对数值或者百分比进行组织。

如果左右两端有着一致的基线，堆叠水平条形图按百分比组织可以用于可视化对一件事从负面到正面的观点占比，使比较最左侧和最右侧的部分变得更简单。例如，这对用利克特量表法（常用于问卷调查，从强烈不同意到强烈同意）收集的调查问卷数据进行可视化很有效，如图 2-19 所示。

问卷结果

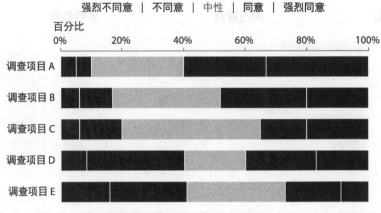

图 2-19 100% 堆叠水平条形图

面积图

人眼不擅长在二维空间进行定量的度量，这使得面积图比我们讨论过的其他图表类型更难阅读。因此我通常避免使用面积图，只有一个例外情况——当我需要可视化相差极大的数值时。方形图带有第二个维度（同时有长和宽，而条形图只有长或者宽），因而能比单一维度更紧凑地进行可视化，如图 2-20 所示。

面试结果分解

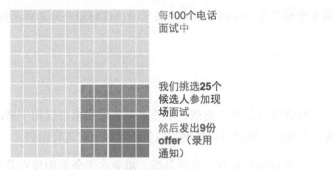

图 2-20 方形面积图

其他图表类型

目前为止讨论的都是我常用的图表类型。这显然不是一份完整的列表，但应该能够满足大多数日常需求。在探索新的可视化方法之前，掌握基础知识很有必要。

图表的类型有很多。谈到选择图表，首先要确保选择的图表类型能够让你清晰地将信息传递给受众。如果使用不熟悉的图表，你很可能需要格外仔细才能让图表易于理解。

信息图

信息图是一个经常被误用的术语。一幅信息图只是信息或者数据的图形化展示。图表组成的信息图的信息量可大可小。说到不足，信息图通常包括尺寸过大、过分装饰的数字以及卡通化的图形。这样的设计有一定的视觉吸引力，能够讨好读者。再多看几眼，信息图就显得很浅薄，无法让有辨别力的受众满意。"信息图"这样的描述虽然常用却不合适。但说到好处，信息图名副其实。

设计师在开始设计过程之前需要能够回答很多重要的问题。这与我们讨论理解背景时提出的问题是一样的。受众是谁？你希望他们了解或者做什么？只有在回答了这些问题后，才能选择出有效的可视化方法。无论是信息图还是其他，优秀的数据可视化方案不仅仅是指定主题的事实堆积，而是要讲述一个故事。

需要避开的图表

我们已经讨论了在商业场景中我最常用的数据可视化图形。除此之外还有很多图形和元素应该避免使用：饼图、甜甜圈图、3D 图形、双 y 轴，等等。让我们分别看一看。

邪恶的饼图

我鄙视饼图已久。简而言之，饼图是邪恶的。让我们用一个示例来了解我得出这个结论的原因。

图 2-21 中展示的饼图（基于实际案例）展示的是 A、B、C 和 D 这 4 个供应商的市场份额。如果我要求你简单观察一下，在这张图中哪家供应商的份额最大，你会得出什么结论？

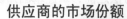

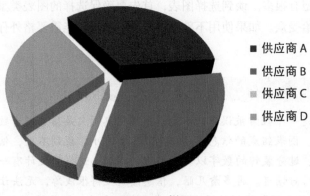

图 2-21　饼图

大多数人会认为正蓝色对应的供应商 B 的市场份额看起来最大。如果你必须估算他的份额占总体市场的比例，你觉得会是百分之多少？

35%？

40%？

或许你会因为我的引导而发现这里有猫腻。不妨看一下图 2-22 中加上饼图各部分数据之后的结果吧。

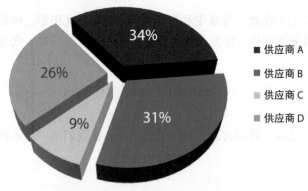

图 2-22　给各部分添加标签后的饼图

供应商 B 占比 31%，其图形看起来最大，实际上却比供应商 A 的占比小，尽管供应商 A 看起来更小。

让我们来讨论一下准确地解读图 2-21 中数据面临的一些挑战。首先吸引你（并引起怀疑，如果你是个明辨是非的图表读者）的是 3D 图形、奇葩的视角：倾斜让饼图上方的部分显得距离更远，因而看起来比实际要小；下方的部分则相对更近，也就比实际看起来更大。我们很快就会谈到 3D 的问题，这里我只想强调数据可视化的一条规则：不要使用 3D！3D 有弊无利，就像此处它扭曲了数据的视觉效果一样。

即便我们去掉 3D 效果，将饼图变得扁平，解读数据依然存在挑战。人眼不擅长在二维空间进行定量的度量。更简单点说就是：饼图难以阅读。当饼图的各部分大小相近时，你无法或者很难判断哪一块更大。当大小相差较多时，你最多也只能判断某一块比另一块更大，却无法确定大多少。为了解决这个问题，你需要像上图一样添加数据标签。但我仍然觉得不值得为饼图提供空间。

那你该怎么做呢？一种方案是如图 2-23 所展示的，用水平条形图替代饼图，按从大到小或者反向组织（除非像之前提到的，类别之间有着天然的顺序可用）。记住，在条形图中，我们的眼睛会比较条形图的末端。由于以统一的基线对齐，很容易比较相对大小。这样不仅可以很直观地了解哪块最大，还能了解它比其他类别大多少。

供应商的市场份额

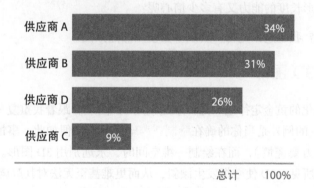

图 2-23 饼图的替代方案之一

或许有人会质疑，从饼图转换成条形图可能会有所遗漏。饼图能够传达的一个独特的信息就是整体和部分的概念。但如果图形本身难以理解，那还值得吗？在图 2-23 中，我已经试着表达条形图整体加和是 100%。这不是完美的解决方案，但值得考虑。第 9 章的第 5 个案例分析中还有饼图的更多替代方案可供参考。

　　如果你在用饼图，不妨停下来扪心自问：为什么选它？如果你能够回答这个问题，或许你已经经过了深思熟虑，但考虑到数据解读上的困难，饼图绝不该成为你的首选。

　　既然谈到了饼图，让我们快速地看一下另一种需要避免使用的"甜点图形"：甜甜圈图（图 2-24）。

甜甜圈图

图 2-24　甜甜圈图

　　使用饼图意味着让受众比较角度和面积，而使用甜甜圈图意味着让受众比较两段弧形的长度（例如比较图 2-24 中弧形 A 的长度与弧形 B 的长度）。你对自己的眼睛定量比较弧形长度的能力又有多少信心呢？

　　不太自信？我也这么觉得。所以不要使用甜甜圈图。

永远别用 3D 图形

　　数据可视化的黄金定律之一是：永远别用 3D 图形。跟着我重复一遍：永远别用 3D 图形。唯一的例外是当你的确在绘制三维空间时（即便如此，事情也会很快变得棘手，所以千万要谨慎），而在绘制一维空间时，永远别用 3D 图形。正如你在之前饼图的示例中所见，3D 使数据发生倾斜，从而更难甚至无法对其解读和比较。

　　在图形中使用 3D 会引入边界、底座等不必要的元素。比令人分心更糟的是，用作图应用绘制 3D 图形时会有奇怪的结果。例如在 3D 条形图中，你或许会疑惑作图应用软件绘制的是条形图的正面还是背面。有时甚至还会更不直观。以 Excel 为例，条形图的高度是由一个不可见的切面与 y 轴的交点决定的。如图 2-25 所示，这给人一种图形变长了的错觉。

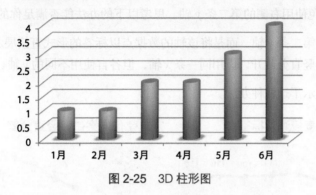

图 2-25　3D 柱形图

你能根据图 2-25 判断 1 月和 2 月的问题数量分别是多少吗？我为它们分别绘制了一个问题。但以我读图的方式，如果将条形图的高度与网格线比较，并映射到左侧的 y 轴上，我会预估其值大概为 0.8。因此，千万别用 3D 图形。

让人迷惑的双 y 轴

有时在 x 轴上以两套完全不同的单位绘制图形会很有效。这通常会引出第二条 y 轴：在图形右侧加另一条竖直坐标轴。参考图 2-26 中的示例。

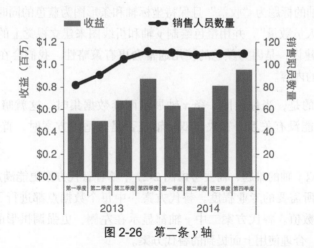

图 2-26　第二条 y 轴

解读图 2-26 时，需要花一些时间和精力才能理解哪些数据应该参照哪条坐标轴。因此你应该避免使用右侧的第二条 y 轴。思考以下的办法能否满足你的需求。

❑ 不添加第二条 y 轴，而是将该轴的数据点以标签的形式直接展示。

❑ 将图形竖直分割开，借用同一条 x 轴，但各自使用不同的 y 轴（都置于左侧）。

图 2-27 展示了这两种办法。

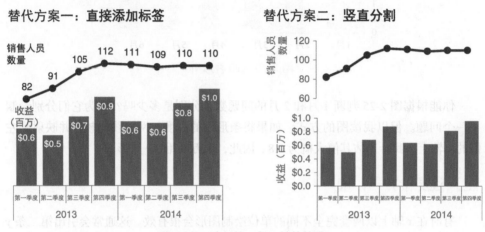

图 2-27　避免第二条 y 轴的策略

第三种潜在方案是用颜色将数据和坐标轴联系起来。例如在图 2-26 中，我可以在标记左侧 y 轴的标题为"收益"且保持坐标轴和条形图为蓝色的同时，将右侧 y 轴标记为"销售人员数量"，并用橙色绘制 y 轴和折线图来建立视觉上的联系。我之所以不做这样的建议，是因为颜色的使用通常会更有策略性。我们会在第 4 章中讨论更多关于颜色的内容。

值得注意的是，当你用同一条 x 轴展示两套数据集时，这就暗示它们之间可能有关系也可能没有关系。在决定双 y 轴是否是合适的方案时，首先应该考虑到这一点。

当你面临双 y 轴的难题，需要考虑图 2-27 中哪种替代方案更能满足你的需求时，不妨想一下你所需要的专业程度。替代方案一中每个数据点都进行了清晰的标记，更关注具体的数值。替代方案二中 y 轴都显示在左侧，更强调拱形的趋势。总之，要避免双 y 轴，合理使用上面提到的替代方案。

重点回顾

本章探索了我最常用的视觉呈现类型。尽管也会有其他类型图表的用例，但我们介绍的这些应该能满足大多数日常需求。

很多场景下，合适的图表不只一止，经常有多种图表都可以满足一个特定需求。回顾前一章关于了解背景的内容，最重要的在于清晰地描述需求：你希望受众了解什么内容？然后选择一种视觉呈现方式来帮助你明确该内容。

如果你想知道"什么是适合眼下场景的图形"，答案永远不变：让你的受众最容易阅读的图表就是最好的。这很容易测试，只要绘制图表并展示给朋友或者同事看，让他们消化信息，并回答以下问题：他们的关注点在哪里？他们看到了什么？他们得出了什么结论？他们有哪些问题？这会帮助你评估你的图表是否切中要害，如果没有，也能够帮助你发现需要修改的地方。

现在，你已经了解了如何选择合适的图表。

第 3 章

原则三：干扰是你的敌人

想象一个空白的页面或者屏幕：你添加的每一个元素都会消耗受众的一部分认知精力，换句话说，消耗他们的脑力去处理。因此我们希望仔细审视在沟通中使用的视觉元素。一般而言，我们会识别出无法增加信息量的元素（或者无法有效呈现足够信息量的元素），并将它们删除。识别并消除干扰信息是本章关注的重点。

认知负荷过大，影响信息传达

你之前一定感受过认知负荷带来的压力。也许你坐在会议室里，会议的组织者切换着投影的 PPT，最终停在过于繁杂的一页。你抓狂了吗？或者只是在心里默默地吐槽？也许你正在阅读报告或者报纸，一幅图吸引了你的注意，令你不禁开始思考"这看起来挺有趣，但是我不明白什么意思"，然后你决定翻页，而不是花更多时间解读它。

在上述两个场景中，你所体会的便是过度或者多余的认知负荷。

每当接收信息时，我们就会感受到认知负荷。认知负荷可以说是学习新知识所需的脑力。在使用计算机工作时，我们依赖的是计算机的处理能力。让受众采取行动时，我们依赖的是人们的脑力。这就是认知负荷。人脑的这种处理能力是有限的。作为信息设计师，我们希望更合理地使用受众的脑力。上述例子指出了多余的认知负荷：消耗受众脑力却对他们理解信息毫无帮助。这是我们需要避免的情形。

谈到视觉沟通，最重要的是受众感知的认知负荷：他们认为需要付出多少精力才能提取出信息。他们并不会深思熟虑地做这个决定，但这会影响你的信息能否成功传达。

总之，要考虑为受众最小化感知到的认知负荷（在合理范围内最小化，并保证你仍然能够传达信息）。

去掉干扰信息

造成过度或者多余的认知负荷的一个元凶就是干扰信息。有些视觉元素占据了空间，却不能帮助受众理解。

不用多说，干扰信息会带来不甚理想（甚至糟糕）的用户体验（这就是我在本章开头提到的抓狂时刻）。干扰信息会使内容更复杂。而当图表看起来复杂时，受众可能会决定不再花更多时间来理解我们展示的内容，从而导致我们无法继续沟通。这显然不是件好事。

格式塔原则

至于如何识别图表中的信号（希望沟通的信息）和噪声（干扰信息），不妨使用视觉感知的格式塔原则。格式塔心理学派在 20 世纪初开始研究个体如何认知周围世界的秩序。他们关于视觉感知的原则定义了人们如何与视觉刺激交互以及如何从视觉刺激中创造出秩序，这在今天依然适用。

本章会探讨六个格式塔原则：相近性、相似性、包围性、封闭性、连续性和连接性。对于每个原则，我都会展示一个图表应用的示例。

相近性

我们倾向于认为物理上相近的物体属于同一个群体。如图 3-1 所示，根据点与点相近与否，你会很自然地将这些点视为 3 个不同的群体。

图 3-1　格式塔的相近性原则

我们可以将该原则应用到表格设计当中。在图 3-2 中，通过简单地调整点与点之间的空白，你的眼睛会按预设的方向移动，左侧图中随列向下，右侧图中则随行向右。

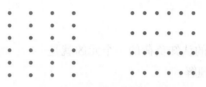

图 3-2　点间距使你看到行和列

相似性

拥有相似颜色、形状、大小或者方向的物体会被视作相关或从属于一个群体。在图 3-3 中，你会很自然地将左图中蓝色的圆或者右图中灰色的方块联系在一起。

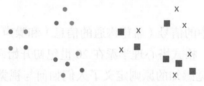

图 3-3　格式塔的相似性原则

这个原则也可以用于表格的设计，帮助将受众的目光引导到我们所期望的方向。在图 3-4 中，颜色的相似性是让我们按行阅读（而非按列阅读）的线索，我们不再需要使用边框等额外的元素引起注意。

图 3-4　颜色相似性使你看到行

包围性

我们会认为物理上包围在一起的物体从属于同一个群体。通常来说，包围不需要很明显，浅色的背景通常就足够了，正如图 3-5 所示。

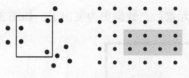

图 3-5　格式塔的包围性原则

包围性原则的使用场景之一是为数据添加视觉上的区分，如图 3-6 所示。

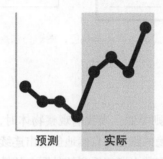

预测　　实际

图 3-6　阴影区域将预测数据与实际数据分隔开

封闭性

封闭是指人们希望事情能够简化并与脑海中已经存在的结构一致。因此人们倾向于将一系列个体元素看作一个可识别的形状——当部分缺失时，我们的视觉会帮助填充。例如图 3-7 中的元素往往首先被看作一个圆，然后才是个体元素。

图 3-7　格式塔的封闭性原则

某些软件中默认包含边框、背景色等元素。封闭性原则告诉我们这是没有必要的——我们可以去掉这些元素，而图形看起来仍然是一个完整的整体。更棒的是，当我们去掉那些不必要的元素后，数据更为突出了，如图 3-8 所示。

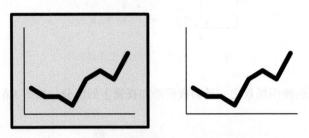

图 3-8 没有边框和背景色，图形仍然是完整的

连续性

连续性原则与封闭性原则类似：当我们观察物体时，尽管没有显式的路径，但我们的眼睛倾向于寻找最平稳的路径并自然地创造出连续性。如图 3-9 的示例，如果我将图 1 的两部分分开，大多数人期望看到的是图 2 的情况，而实际可能是图 3。

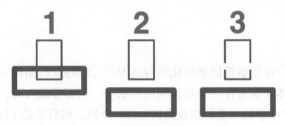

图 3-9 格式塔的连续性原则

谈到该原则的使用，我将竖直的 y 轴从图 3-10 中移除，你仍然能看到条形图是对齐的，因为左侧标签和右侧数据间的空白一致（最平稳的路径）。与封闭性原则的应用一样，去掉不必要的元素会使数据更为突出。

图 3-10 去掉 y 轴的图形

连接性

最后一个格式塔原则是连接性原则。我们倾向于将有物理连接的物体视作一个群体。连接属性通常比相似的颜色、大小和形状有更强的关联价值。在看图 3-11 时，你很可能将线条连接的形状（而非相似颜色、大小或形状）视为一对，这就是连接性原则在起作用。连接性通常没有包围性那么强，但你可以通过线条的粗细和深浅来影响这种关系以达到理想的视觉层次（我们会在第 4 章讨论前注意属性时探讨视觉层次的问题）。

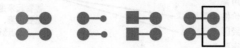

图 3-11　格式塔的连接性原则

我们经常在折线图中使用连接性原则以帮助眼睛看到数据中的秩序，如图 3-12 所示。

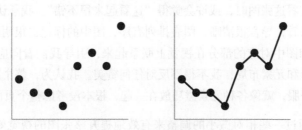

图 3-12　线条连接散点

通过这些简介，你已经了解到格式塔原则能够帮助我们理解人们如何观察，从而用于识别不必要的元素并简化视觉沟通的处理。这些原则还没有讲完，在本章末尾，我们还会讨论如何在实际中应用这些原则。

但首先，让我们看看其他类型的视觉干扰信息。

视觉无序的后果

经过深思熟虑的设计可以融入背景以至于受众不会察觉。反之，受众则会感受到设计带来的压迫感。让我们通过一个示例来理解视觉的有序或无序给沟通带来的影响。

图 3-13 总结了关于非营利性组织在选择供应商时会考虑的因素的问卷反馈。请花一些时间观察这张图，并特别留意页面元素的排列，你可能会有一些发现。

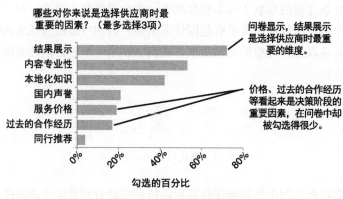

图 3-13 问卷反馈总结

当你仔细查看这张图时，或许会觉得 "这看起来很不错"。我承认这幅图不算差。从正面的角度来看，导言很清晰，图表排列有序，图中的标记也很明确，关键结论描述清楚，并且和图中对应的部分在视觉上联系起来，引导我们看向应该注意的地方。但谈到整体设计和元素布局，我不得不反对任何赞美。我认为，整个图看起来杂乱无章，令人很不舒服，就像各种元素碰巧放在一起，根本没考虑整个页面的结构。

我们可以通过一些相对微小的调整来有效地提升整张图的视觉效果。图 3-14 的内容和图 3-13 相同，只修改了元素的布局和格式。

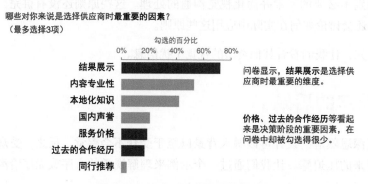

图 3-14 问卷反馈总结的修订版

与原版相比，修改后的图看起来更简单。这就是有序的力量。可以明显看出在整体设计和元素排列上有意识地花了心思。特别是后一版更注重对齐和留白。下面我们进行深入的探讨。

对齐

在前文的对比示例中，影响最大的一个改变是将文字从原来的居中对齐调整为左对齐。原版页面中的每段文字都是居中对齐的，这使得文字的左边或者右边没有明确的界线，即便是深思熟虑的布局也会显得草率。因此我倾向于避免使用居中对齐的文字。文字左对齐还是右对齐取决于页面中的其他元素。总之，我们的目标在于为元素和留白建立明确的界线（包括横向和纵向）。

在没有其他视觉上的提示时，受众通常会从页面或者屏幕的左上方开始，按"之"字形（或者多个"之"字形，取决于布局）移动视线并消化信息。因此，当涉及表格和图形时，我偏爱将文字（标题、坐标轴标签、图例等）按左上角对齐。这意味着受众会先看到有关如何阅读图表的细节，然后再看到数据本身。

展示软件中元素对齐的技巧

为了确保元素在页面中对齐，你可以打开展示软件的标尺或者网格线，这在大多数软件中是内置的，能够让你精确地对齐元素，打造出更清爽的观感。大多数软件内置的表格功能也可以临时用作原始的替代方法：新建一个表格并以此作为放置离散元素的参考。当所有的元素都如你所愿排列时，删掉表格或者将表格的边框设为不可见，这样剩下的便是完美排列的页面了。

在关于对齐的讨论中，让我们花一些时间研究一下倾斜的元素。在之前的示例中，原版图形（图 3-13）中有斜线连接导言和数据，还有倾斜的 x 轴标签；前者在改造图（图 3-14）中被删除，而后者被修改为水平方向。总之，我们应该避免使用倾斜的线条或者文字之类的元素。它们看起来很混乱，而且倾斜的文字比水平放置的更难以阅读。

留白

出于某些原因，人们往往害怕在页面上留白，我不太能理解这个现象。我用"留白"指代页面中的空白区域。假如你的页面是蓝色的，那就变成了"留蓝"——我不确定为什么使用了蓝色页面，但是我们会在后面章节中讨论颜色的使用。或许你曾经听到过这样的反馈，"页面上还剩下一些空间，加点东西吧"，甚至更糟，"页面上还剩下一些空间，加一些数据吧"。千万别这么做！永远不要为了添加数据而添加数据，只有在脑海中进行过深思熟虑并有着明确目标时才添加数据。

我们需要对留白保持一颗平常心。

视觉沟通中的留白和公众演讲时的暂停一样重要。或许你曾经听过一场缺少暂停的演讲。就像这样：一个演讲者站在你面前或许是紧张或许是为了在有限的时间里尽量传达更多的信息他以超音速演讲你甚至怀疑他要如何呼吸你想提问但演讲者已经讲到下一个主题仍然没有留足够的时间让你提问。这种不舒服的体验就和你在阅读前面这段连续不间断的长句的感觉一样糟糕。

现在让我们想象一下，同样一个演讲者只说一句大胆的话"让饼图去死！"，会是什么效果。

然后他暂停整整 15 秒，让这句话产生共鸣。

来吧——大声说出这句话，然后慢慢默数到 15。

这是一个引人注目的暂停。

它成功引起了你的注意，对吗？

　　有策略地使用留白也会为你的视觉沟通带来同样的效果。正如演讲中缺少停顿一样，缺少留白会让受众感到不适。受众对视觉沟通的设计感到不适，这是我们应该极力避免的。有策略地留白可以将受众的注意吸引到页面中那些没有留白的部分。

　　对于留白，以下是一些基本准则。边界处避免出现文字和图表。抑制住想要拉伸图表撑满可用空间的欲望，根据内容多少决定图表的合适大小。除此之外，就像前文那个引人注目的暂停一样，考虑如何有策略地使用留白来进行强调。如果有一件事非常重要，那就考虑让这件事成为页面当中唯一的内容，有些时候可能只是一句话甚至一个数字。在第 5 章讨论美学时，我们会以一个具体示例来更深入地讨论如何有策略地使用留白。

对比的不正确使用

　　清晰的对比对受众来说是一种信号，能帮助他们理解应该把注意集中到哪里。我们会在后续章节中更细致地讨论这一点。反之，缺少清晰的对比则是视觉干扰的一种表现。比如，从满是鸽子的天空中找出老鹰很简单，但当鸟的种类越来越多时，找出老鹰就变得越来越困难。这句话突出了在视觉设计中有策略地使用对比的重要性：事物的差异越多，越难突出任何一种差异。用另一种方法解释就是，如果有一样很重要的东西是我们希望受众看到或者知道的（老鹰），我们应该让它和其他东西都截然不同。

　　让我们用一个示例来进一步说明这个概念。

　　想象你在一家百货商店里工作，希望从各个维度比较顾客在你们店和竞争对手店里购物的体验。你通过问卷调查收集了信息，现在需要解读收集到的数据。你构建了一套加权表现指数来总结各个维度的数据（指数数值越大，表现越好）。图 3-15 显示了你和 5 个竞争对手在各个维度的加权表现指数。

　　花一些时间研究图 3-15，并记录你消化信息的思考过程。

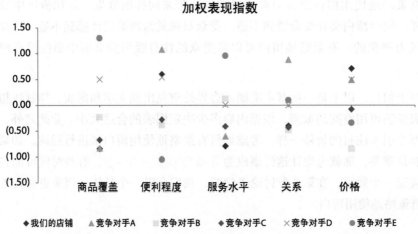

图 3-15 原图

如果你只能用一个词来描述图 3-15，你会选什么词？或许繁杂、困惑甚至筋疲力尽这样的词语会浮现在你的脑海中。图中有太多信息需要消化。太多信息吸引了我们的注意，以至于很难知道该看哪里。

让我们来回顾一下我们究竟看到了什么。正如我前面提到的，图表所展示的数据是加权表现指数。你不用为数据背后的计算逻辑而烦恼，只需要理解这是一套总结性的表现衡量标准，旨在从各个维度（如 x 轴所示：商品覆盖、便利程度、服务水平、关系和价格）比较我们的店（图中用蓝色菱形标识）和一系列竞争对手（其他标识）。指数值越大代表表现越好，反之则表现越差。

消化图中的信息是一个缓慢的过程，需要在底部的图例和图中的数据之间多次来回切换才能提炼出图中包含的信息。即便我们非常有耐心，也很想从图中获取信息，但"我们的店铺"（蓝色菱形标识）有时被其他数据点所遮挡，使得最重要的对比工作无法进行。

这是一个缺少对比（还有其他设计问题）使得信息比实际难以解读的案例。

再看看图 3-16，我们更有策略地强调了对比。

表现总览

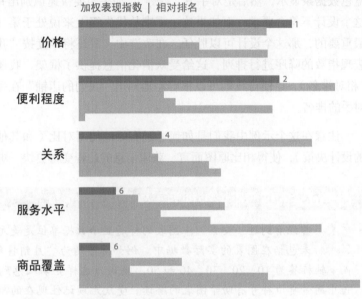

图 3-16　修订图，更有策略地强调了对比

　　我在修订图中做了以下调整。首先，我选用了水平条形图来描述信息，并且将所有数值都调整为正数——在原先的散点图中，有些负值给可视化带来了更复杂的挑战。这个调整在这里适用的原因在于，我们更感兴趣的是相对差异而非绝对数值。通过这样的改造，原先按 x 轴横向排列的维度现在沿 y 轴纵向排列。在每个维度下，数据条的长度展示了"我们的店铺"（蓝色）和其他竞争对手（灰色）的总结性指标，而数据条越长代表表现越好。不在该例中展示 x 轴的实际标尺，这个决定是经过深思熟虑的，这迫使受众将注意集中在相对差异上，而非陷入具体数值的细节中。

　　通过这个设计，我们可以很快、很容易地得出两点结论。

- ❑ 我们可以扫视蓝色的数据条来获得"我们的店铺"在各个维度的相对印象：我们在价格和便利程度方面有优势，但在关系上不及竞争对手，很可能是由于我们在服务水平和商品覆盖方面还在奋起直追，这与图中的低指数值也是一致的。

- ❑ 在某个指定的维度中，我们可以通过比较蓝色和灰色数据条得出我们的店铺相比其他竞争对手的表现如何：在价格上更有优势，而服务水平和商品覆盖不及对手。

如左侧图例所示，不同的竞争对手通过显示顺序进行区分（对手 A 总是紧接着蓝色数据条显示，然后是对手 B，等等）。如果想要快速识别出每一个竞争对手，那这个设计不符合要求；而如果这一需求从优先级上来说处于第二或者第三位，并非最重要的，那这个设计可以胜任。在改造中，我还将维度按"我们的店铺"在加权表现指数的降序进行排列，这给受众消化信息提供了框架，我还添加了总结性指标（相对排名），这使得我们可以很容易地知道"我们的店铺"在每个维度上相对竞争对手的排名。

注意在这个示例中我们是如何通过有效地使用对比（和其他一些经过深思熟虑的设计决策），使得相比原图而言，获取信息的过程变得更快、更容易、更自然。

哪些冗余的细节不该被视为干扰信息？

我 曾经看到过一些案例中图表的标题显示数据单位是美元，而美元符号并未包括在图表的实际数据中。例如，图题为"月销售额（百万美元）"，而 y 轴标签为 10、20、30、40 和 50。我认为这样会令人感到困惑。在每个数值中附带货币符号有助于图表的解读。受众无须记住现在的单位，因为该信息被显式标记了出来。有些元素应该永远被保留在数值当中，包括货币符号、百分号和大数值的逗号分隔符。

一步步去除干扰信息

既然我们已经讨论了什么是干扰，为什么在视觉沟通中去除干扰信息很重要，以及如何识别干扰信息，让我们通过一个现实示例，来验证识别并去除干扰的过程是怎样改进图表和提高最终想要讲的故事的清晰程度的。

场景：想象你现在管理着一个 IT 团队。去年出于某些原因，一些员工离职了，而你没有及时招聘新员工。你听说剩下的员工怨声载道。为此，你正在思考是否要多招一些人。首先，你想要了解去年离职的那些人对团队整体生产力的影响，你绘制了月度的新增工单以及去年工作量的趋势，发现人力不足的确导致了团队生产力的下降，现在你打算将你绘制的粗糙图表改造成提出招聘需求的依据。

图 3-17 是你绘制的原图。

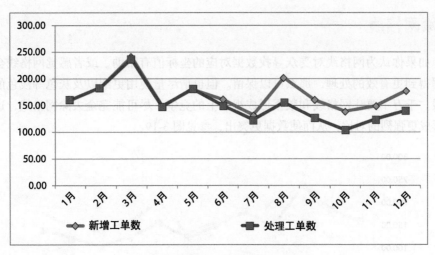

图 3-17　原图

从干扰的角度审视这幅图，考虑我们之前讲到的关于格式塔原则、对齐、留白和对比的内容。我们应该去掉或者改变什么？你能够发现多少问题？

我采用了 6 项调整来避免干扰。让我们来逐一进行讨论。

去除图表边框

正如我们在格式塔的封闭性原则中讨论的一样，图表边框往往是不必要的。相反，我们应该考虑使用留白，以区分页面中的图表和其他元素，参见图 3-18。

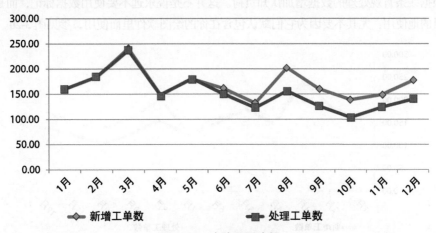

图 3-18　去除图形边框

去除网格线

如果你认为网格线对受众寻找数据对应的坐标值有帮助，或者感觉网格线会使数据得到更有效的处理，那么可以保留。但也请尽量使用更细以及灰色等浅色的网格线。千万不要让网格线和数据形成视觉上的竞争。尽可能完全去除网格线，这样会形成更强烈的对比，从而使数据更突出，参见图 3-19。

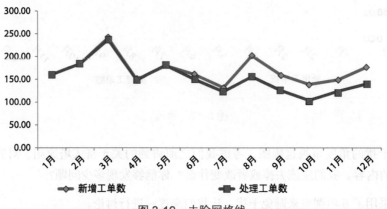

图 3-19　去除网格线

去除数据标记

记住，每一个元素都会增加受众的认知负荷。使用数据标记，就是在为本来已经可以根据线条直观处理的数据增加认知负荷。这并不是说永远不要使用数据标记，而是要有目的地使用，尤其不要因为它们默认包含在你的绘图软件里而使用，参见图 3-20。

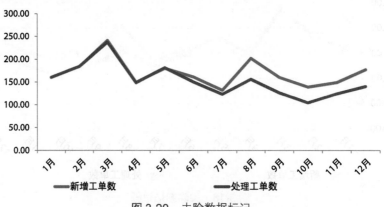

图 3-20　去除数据标记

清理坐标轴标签

　　我最大的眼中钉之一便是 y 轴标签当中多余的尾数 0：它们并没有任何参考价值，反而让数字看起来比实际复杂得多。我们可以去掉这些尾数以减少受众不必要的认知负荷。我们还可以将 x 轴标签水平排列，从而消除倾斜的文字，参见图 3-21。

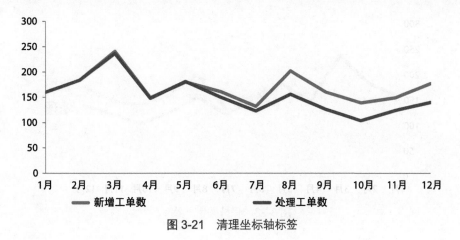

图 3-21　清理坐标轴标签

直接标记数据

　　既然我们已经消除了很多外在的认知负荷，在图例和数据之间切换的麻烦就显得更为明显。请记住，作为信息的设计师，我们需要尽量识别出任何可能消耗受众精力的问题并予以解决。在这种情况下，我们可以使用格式塔的相近性原则，直接在需要描述的数据旁进行标记，参见图 3-22。

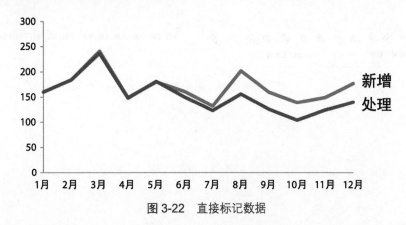

图 3-22　直接标记数据

保持颜色一致

在上一步使用格式塔的相近性原则的同时，我们也应考虑格式塔的相似性原则，对数据标签和所描述的数据使用相同的颜色，参见图 3-23。这对受众来说是另一条提示："这两部分信息是相关联的。"

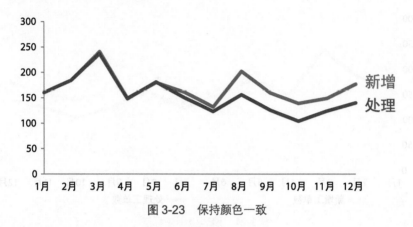

图 3-23　保持颜色一致

这张图尚未完成，但识别并去除干扰信息后，已经大大减少了认知负荷，提升了可读性。不妨比较一下图 3-24 中修改前后的图。

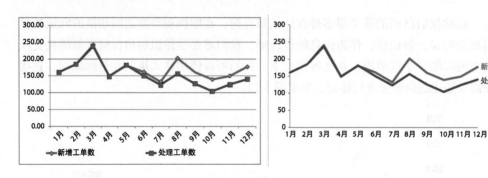

图 3-24　前后对比

重点回顾

当你把信息放到受众面前时，就给他们带来了认知负荷，并要求他们用脑力来处理这些信息。视觉干扰带来了过多的认知负荷，可能阻碍信息的传递。格式塔原则能够帮助你理解受众如何阅读，让你识别并消除不必要的视觉元素。使元素对齐，并适当留白，这样有助于为受众打造更舒适的图表解读体验。另外，请有策略地使用对比。记住：干扰是你的敌人，从你的图表中赶走它！

现在你已经掌握了如何识别并消除视觉干扰。

第 4 章

原则四：引导受众的注意

在上一章中，我们了解了视觉干扰以及识别并消除干扰的重要性。在努力消除干扰的同时，也要审视留下的内容，考虑我们究竟希望如何与受众进行视觉沟通。

本章，我们会深入研究人们如何阅读以及如何在绘制图表时利用这一点。我们将简要地谈谈视觉和记忆，以突出一些具体而强大的工具的重要性：前注意属性。我们将探讨大小、颜色和页面位置等前注意属性的两种使用方式。第一，前注意属性可以用来将受众的注意引导至你期望的地方。第二，这些属性可以用于创建元素的视觉层次，从而按你希望的方式和顺序引导受众处理信息。

理解了受众如何阅读并处理信息，我们就能更好、更有效地进行沟通。

用脑阅读

让我们看一幅关于人们如何阅读的简图。如图 4-1 所示，整个过程是这样的：人眼捕获光反射产生的刺激。我们并不完全靠眼睛看，虽然一部分视觉处理在眼睛中进行，但大部分视觉感知是在大脑中发生的。

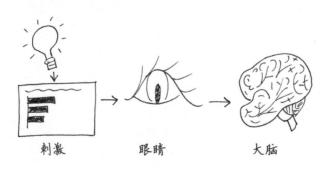

刺激　　　　　　眼睛　　　　　　大脑

图 4-1　人们如何阅读的简图

记忆微解密

在大脑中有 3 类记忆对于理解如何设计视觉沟通很重要：形象记忆、短期记忆和长期记忆。每一类记忆都扮演着重要且独特的作用。在下文中我们将尝试对每一种极其复杂的过程做基本的解释，目的仅在于满足设计视觉沟通时最基本的要求。

形象记忆

形象记忆的特点是非常迅速。当你观察周围的世界时，它就无意识地发生了。为什么会这样？顺着进化链回溯，很久之前捕食者的存在帮助我们的大脑训练出了高效的视力和快速的响应能力，尤其是迅速发现周围环境差异的能力，例如远处捕食者的移动。这些能力在我们的视觉处理过程中根深蒂固。它们都是我们赖以生存的机制，现在可以用于进行有效的视觉沟通。

信息在形象记忆中存留几分之一秒，然后进入短期记忆。有关形象记忆很重要的一点在于，它作用于一套前注意属性。因此前注意属性是视觉设计工具链中的重要组成部分，我们稍后会讨论，在此先继续探讨记忆。

短期记忆

短期记忆具有局限性。具体来说，在某一时刻，人会将 4 块视觉信息存储在短期记忆中。这意味着，如果我们绘制一幅图，其中包含 10 组数据，使用不同颜色和形状的数据标记，然后在图的一侧放置图例，那么受众在解读数据时就需要辛苦地在图例和数据之间来回切换。如之前所讨论的，我们希望尽可能地减少受众的认知负荷。我们不希望受众在获取信息时烦恼，否则就会有让受众分心的风险，而这样我们就无法进行沟通。

在这种情况下，解决办法之一是直接标记各种数据（利用第 3 章中的格式塔相近性原则减少受众在图例和数据之间的视线切换）。更重要的是，我们希望形成较大且一致的信息块，并放到受众工作记忆的有限空间中。

长期记忆

当一件事离开短期记忆时，要么开始被遗忘，很可能永远丢失，要么转为长期记忆。长期记忆在人的一生中一直在形成，对模式识别和通用认知处理极为重要。

它是视觉记忆和言语记忆的集合，这两者的作用各不相同。言语记忆是通过神经网络来获取的，获取路径对于识别或者回忆至关重要。而视觉记忆通过特定的结构发挥作用。

我们在向受众传达信息时可以利用长期记忆的特点。尤其重要的是，图像能够帮助我们快速回忆起长期言语记忆中存储的信息。例如，如果你看到埃菲尔铁塔的照片，可能会回忆起一系列相关的概念、一些以往的感觉或者曾经在巴黎的经历。通过视觉和言语的结合，我们才能成功地触发受众长期记忆的形成。在第 7 章探讨故事的语境时，我们会讨论一些具体的策略。

前注意属性

在上一节中，我介绍了形象记忆，并提到它作用于前注意属性。图 4-2 中有一些数字，快速地数出其中有多少个 3，并注意你是如何处理这些信息的以及所花费的时间。

75639506847 3
658663037576
860372658602
846589107830

图 4-2　数数字 3 的个数

正确答案是 6 个。图 4-2 中没有任何线索能帮助你得出这个结论。这是一个具有挑战性的过程，你需要遍历 4 行文字，寻找当中的数字 3（一种复杂的形状）。

看看当我们对这串数字做微调后会有怎样的变化。在图 4-3 中重复刚刚的过程。

看看在图 4-3 中找到数字 3 是多么容易和迅速。你甚至没有眨眼，也没有花什么时间思考，6 个数字 3 就这么出现在你眼前。这看起来如此明显，因为第二张图利用了你的形象记忆。在这个示例中，颜色强度这种前注意属性使得所有的数字 3 比其他数字突出。我们的大脑不需要任何有意识的思考就能获取这一信息。

75639506847**3**
6586**63**7576
860**3**72658602
846589107**3**0

图 4-3　利用前注意属性数 3 的个数

这毫无疑问是非凡而强大的。这意味着，如果有策略地使用前注意属性，就能够让受众不知不觉地看到我们期望展现的内容。

请注意在上面的文字中我所使用的多种前注意属性，并认识其重要性。

图 4-4 显示了各种前注意属性。

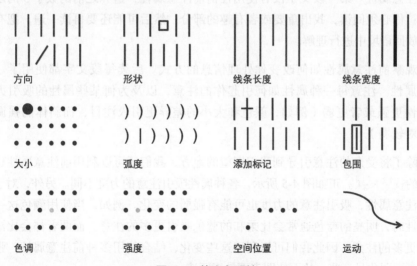

图 4-4　前注意属性

来源：引自 2004 年斯蒂芬·菲尤的《展示你的数据》

在你的眼睛扫过图 4-4 中每个属性时，注意你的视线会被每组中唯一一个与众不同的元素所吸引：你根本不需要寻找它。这是因为我们的大脑天生就能够快速找出环境中的差异。

有一点要注意，人们倾向于将某些（不是全部）前注意属性与量化的值相关联。例如，大多数人会考虑用更长的而非更短的线条表示一个更大的值。这也是条形图非常直观的原因之一。但我们不会这样考虑颜色。如果我问你哪种颜色更大，比如红色还是蓝色更大，那么这个问题没有意义。这很重要，因为它告诉我们哪些前注意属性可以用于表达量化的信息（线条长度、空间位置，或者在有限程度上，线条宽度、大小以及强度可以用来反映相对值），哪些应该用于分类信息。

当少量使用时，前注意属性在两方面非常有用：快速引导受众的注意到你期望的地方，建立信息的视觉层次。让我们分别看看示例，首先看看文字示例，然后再看看数据可视化示例。

文字中的前注意属性

当我们面对一段文字时，如果没有任何视觉线索，唯一的办法是阅读。但使用少量前注意属性可以迅速改变这一点。图 4-5 显示了如何在文字中使用前面提到的一些前注意属性。第一段文字没有使用任何前注意属性，这和之前的数字 3 的示例很相似：你必须阅读，找出重要或者有趣的部分，然后可能还要再读一遍，把有趣的部分放回语境中进行理解。

观察前注意属性如何改变你处理信息的方式。后续每段文字都使用了一种前注意属性。注意每一种属性如何引起你的注意，以及为何某些属性的吸引力比其他属性更强或者更弱（例如，颜色和大小的差异更引人注目，而斜体的强调效果则相对较弱）。

除了将受众的注意引导到我们期望的地方，我们还可以利用前注意属性建立沟通中的视觉层次。正如图 4-5 所示，各种属性吸引注意的力度不同。另外，对于特定的前注意属性，吸引注意的力度也可能有强弱的变化。例如，当使用颜色这一前注意属性时，明亮的蓝色通常会比柔和的蓝色吸引更多的注意。而两者都会比浅灰色吸引更多的注意。因此我们可以利用这些变化，结合使用多种前注意属性，强调某些元素而弱化另一些，从而使图表更易于阅读。

未使用前注意属性

我们好在哪里？优秀的产品。这些产品无疑是同类中最好的。替换件按需供应。甚至都不需要我提，你们就给我寄来了垫片。问题解决得很及时。负责财务的Bev能够快速解决我在财务上遇到的问题。整体的顾客服务超出了预期。客户经理甚至在下班时间还打电话来登记。

你的公司很棒——保持这样的服务！

加粗

我们好在哪里？优秀的产品。这些产品无疑是同类中最好的。替换件按需供应。甚至都不需要我提，你们就给我寄来了垫片。问题解决得很及时。负责财务的Bev能够快速解决我在财务上遇到的问题。整体的顾客服务超出了预期。客户经理甚至在下班时间还打电话来登记。

你的公司很棒——保持这样的服务！

颜色

我们好在哪里？优秀的产品。**这些产品无疑是同类中最好的。**替换件按需供应。甚至都不需要我提，你们就给我寄来了垫片。问题解决得很及时。负责财务的Bev能够快速解决我在财务上遇到的问题。整体的顾客服务超出了预期。客户经理甚至在下班时间还打电话来登记。

你的公司很棒——保持这样的服务！

斜体

我们好在哪里？优秀的产品。这些产品无疑是同类中最好的。*替换件按需供应。*甚至都不需要我提，你们就给我寄来了垫片。问题解决得很及时。负责财务的Bev能够快速解决我在财务上遇到的问题。整体的顾客服务超出了预期。客户经理甚至在下班时间还打电话来登记。

你的公司很棒——保持这样的服务！

大小

我们好在哪里？优秀的产品。这些产品无疑是同类中最好的。替换件按需供应。**甚至都不需要我提**，你们就给我寄来了垫片。问题解决得很及时。负责财务的Bev能够快速解决我在财务上遇到的问题。整体的顾客服务超出了预期。客户经理甚至在下班时间还打电话来登记。你的公司很棒——保持这样的服务！

空间隔离

我们好在哪里？优秀的产品。这些产品无疑是同类中最好的。替换件按需供应。甚至都不需要我提，你们就给我寄来了垫片。

问题解决得很及时。

负责财务的Bev能够快速解决我在财务上遇到的问题。整体的顾客服务超出了预期。客户经理甚至在下班时间还打电话来登记。你的公司很棒——保持这样的服务！

突出（包围）

我们好在哪里？优秀的产品。这些产品无疑是同类中最好的。替换件按需供应。甚至都不需要我提，你们就给我寄来了垫片。问题解决得很及时。负责财务的Bev能够快速解决我在财务上遇到的问题。整体的顾客服务超出了预期。客户经理甚至在下班时间还打电话来登记。你的公司很棒——保持这样的服务！

下划线（添加标记）

我们好在哪里？优秀的产品。这些产品无疑是同类中最好的。替换件按需供应。甚至都不需要我提，你们就给我寄来了垫片。问题解决得很及时。负责财务的Bev能够快速解决我在财务上遇到的问题。整体的顾客服务超出了预期。客户经理甚至在下班时间还打电话来登记。你的公司很棒——保持这样的服务！

图 4-5　文字中的前注意属性

图 4-6 显示了在之前的示例文字中如何做到这一点。

我们好在哪里？
主题和示例注释

- **优秀的产品**："这些产品无疑是同类中最好的。"
- **替换件按需供应**："甚至都不需要我提，你们就给我寄来了垫片，我真的很需要它们！"
- **问题解决得很及时**："负责财务的Bev能够快速解决我在财务上遇到的问题。"
- **整体的顾客服务超出预期**："客户经理甚至在下班时间还打电话来登记。*你的公司很棒——保持这样的服务！*"

图 4-6　前注意属性能够建立信息的视觉层次

图 4-6 使用了前注意属性来建立信息的视觉层次。这使得我们展示的信息看上去一目了然。有研究表明，我们有 3~8 秒的时间，让受众决定是继续看面前的东西还是把注意转移到别的地方。如果明智地使用前注意属性，即便只有 3~8 秒，我们也能够传达给受众我们想要表达的要点。

利用前注意属性所建立的视觉层次为受众提供了隐式的指示，引导他们处理信息。我们可以标记什么是最重要的，他们应该最先关注；什么是次重要的，他们接下来应该关注；以此类推。我们还可以将必要但不影响信息传递的元素淡化到背景中，使得受众能够更简单、更快速地消化我们提供的信息。

前面的示例展示了如何在文字中使用前注意属性。在用数据进行沟通时同样也可以使用前注意属性。

图表中的前注意属性

图表在没有视觉线索时，也会和之前数数字 3 的示例以及文字一样。看看下面的示例。想象一下你为一家汽车生产商工作，你想理解并分享顾客针对某一特定车辆品牌和型号在设计方面的十大意见（以每 1000 次顾客反馈中提到的次数来衡量）。你绘制的草图可能如图 4-7 所示。

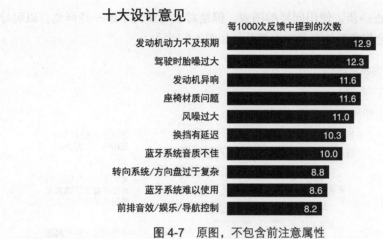

图 4-7　原图，不包含前注意属性

注意在没有其他视觉线索时你只能如何处理这些信息。由于不知道什么重要和应该关注什么，这就像是数数字 3 的例子。

让我们回顾一下探索性分析和解释性分析的区别。图 4-7 可能是你在探索阶段绘制的图表：你在梳理数据，整理值得与他人分享的内容。图 4-7 告诉我们有十大设计意见在每 1000 次顾客反馈中至少被提到 8 次。

对于解释性分析以及用图表与受众分享信息（而不是仅仅展示数据），深思熟虑地使用颜色和文字是聚焦信息的一种办法，如图 4-8 所示。

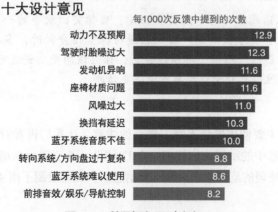

图 4-8　利用颜色吸引注意

我们可以更进一步，使用同样的图表，但是对重点和文字做一些调整，以引导受众将注意力从全局移到故事的一小部分，如图 4-9 所示。

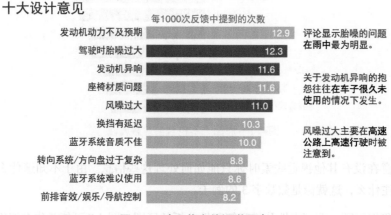

图 4-9 建立信息的视觉层次

尤其在现场演示的情况下，重复使用相同的图表，但用不同的部分强调不同的问题或者同一问题的不同方面（如图 4-7、图 4-8 和图 4-9 所示）是一种有效的策略。这可以首先让受众熟悉数据和图表，然后再进行说明。注意在这个示例中，由于有策略地使用前注意属性，你的视线是如何被吸引到需要注意的图表元素上的。

突出某一方面会使其他方面更难被看到

使 用前注意属性时有一点需要注意：当你突出故事的一点时，其他部分实际上会更难被看到。因此在进行探索性分析时，多数情况下应该避免使用前注意属性。而对于解释性分析，你应该向受众讲述一个特定的故事，利用前注意属性则有助于让故事看上去更清晰。

前面的例子主要使用颜色来吸引受众的注意。让我们再看看使用另一种属性的场景。回忆第 3 章中的示例：你管理一个 IT 团队，希望展示新增的工单数已经超出了团队人力所能处理的范围。在去除干扰信息后，我们绘制了图 4-10。

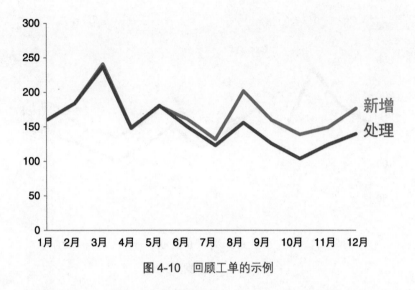

图 4-10　回顾工单的示例

在决定将受众的注意集中在哪里的过程中，我常用的策略之一是将一切融入背景。这迫使我显式地决定哪些需要突出。让我们以此开始，如图 4-11 所示。

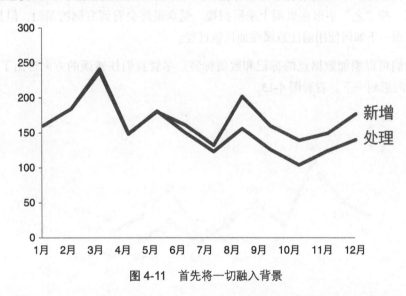

图 4-11　首先将一切融入背景

接下来，我想让数据更突出。图 4-12 为两条数据线（新增工单数和处理工单数）使用了比坐标轴和标签更粗的线条，并有意为处理工单数的线条选用了更深的颜色，以强调处理工单数已经落后于新增工单数。

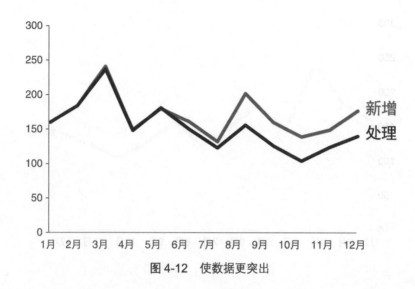

图 4-12 使数据更突出

在这种情况下，我们希望将受众的注意吸引到图表的右侧，即新增工单数与处理工单数开始出现差距的地方。在没有视觉线索时，受众通常会从图表的左上角开始浏览，按"之"字形在页面上来回扫视。受众最终会看到右侧的差距，但是，让我们考虑一下如何使用前注意属性加快该过程。

我们可以添加数据点的标记和数值标签。尽管我们往错误的方向迈出了一步，但请暂时忍耐一下。看看图 4-13。

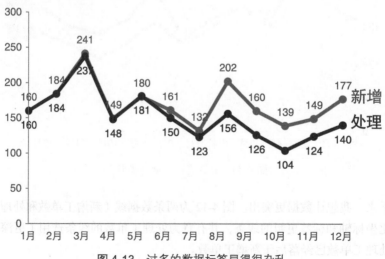

图 4-13 过多的数据标签显得很杂乱

　　当我们为每个数据点添加数据标记和数值标签后，图表很快变得一团乱。有策略地决定数据标记的去留后，看看图 4-14 发生了什么变化。

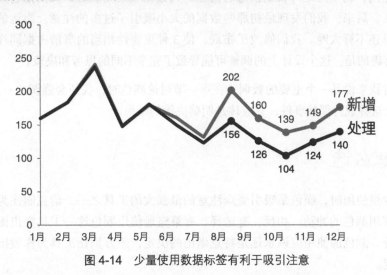

图 4-14　少量使用数据标签有利于吸引注意

　　在图 4-14 中，添加的标签更快地将受众的注意吸引到了图表的右侧。它们还让受众可以快速计算工单的积压有多严重（如果我们认为有些事受众一定会做，就应该为此做好准备）。

　　这些只是使用前注意属性来吸引注意的一些示例。在本书的剩余章节中，我们还将研究其他一些使用了该策略的示例。

　　有些前注意属性从战略的角度看对引导受众的注意非常重要，值得单独进行讨论：大小、颜色和空间位置。我们会在接下来的小节中分别进行研究。

大小怎么用

　　大小很重要。相对大小代表了相对重要性。我们应在视觉沟通的设计中，时刻牢记这一点。如果你需要展示几件重要性相同的事情，请使用相似的大小。相反，如果有一件事情尤其重要，那么用大小来体现这一点：将它变大！

　　下面是一个真实的案例，其中大小几乎造成了意外的后果。

　　我们曾经设计过一个辅助决策的指示板（为了保密，我有意进行了模糊处理）。在设计阶段，我们希望包含 3 个主要方面的内容，而只有其中一个方面的数据是现成的（其他数据都需要整理）。在指示板的最初版本中，现成数据大概占据了指示板 60% 的空间，剩下的是待收集信息的占位。当数据收集完成后，我们把它插入预先的占位区。后来，我们发现最初那些数据的大小吸引了过多的注意。幸运的是，我们发现得还不算太晚。我们修改了布局，使 3 件重要性相当的事情占据同样大小的空间。有趣的是，这个设计上的调整可能导致了完全不同的思考和决策。

这对我来说是一个重要的教训（在下一节讨论颜色时，我还会强调这一点）：不要让设计选择成为偶然事件，它应该是明确决策的结果。

颜色怎么选

在少量使用时，颜色是吸引受众注意的最强大的工具之一。请克制住了为了丰富多彩而使用颜色的冲动。相反，有选择、有策略地使用颜色这一工具突出图表中的重要部分。颜色的使用应该永远是特意做出的决定，千万别让工具为你做出这个重要的决定。

在设计图表时，我通常选用灰色作为阴影，再挑选一个大胆的颜色来吸引注意。颜色基调是灰色而不是黑色，是因为其他颜色相对灰色更突出。对于吸引注意的颜色，我常常选用蓝色，原因有这样几个：(1) 我喜欢蓝色；(2) 照顾色觉障碍人群；(3) 在黑白打印时效果很好。尽管如此，蓝色并不是你唯一的选择（你会看到在很多示例中，我因为各种原因没有使用典型的蓝色）。

关于颜色的使用，有这样几点需要注意：少量使用颜色，保持颜色一致，照顾色觉障碍人群，对色调深思熟虑，考虑是否使用品牌颜色。让我们来详细讨论每一点。

少量使用颜色

我们很容易从一群鸽子中找到一只老鹰，但随着鸟的种类增加，找到老鹰这件事会越来越难。这个道理在这里同样适用。只有少量地使用颜色才能确保有效性。种类太多会导致没有哪一种显得突出。对比足够充分才能吸引受众的注意。

当我们使用了太多种颜色，甚至超越了彩虹的颜色种类时，颜色就失去了其作为前注意属性的价值。举例说明，我曾经遇到过如图 4-15 左侧所示的数据表，每一个排名都分配了颜色：1= 红色，2= 橙色，3= 黄色，4= 浅绿色，5= 深绿色，6= 青色，7= 蓝色，8= 深蓝色，9= 浅紫色，10 以上 = 深紫色。表中的每一格都用排名对应的颜色进行了填充。前注意属性的效果不复存在：一切都不相同，这意味着没有什么是突出的。我们又回到了数数字 3 的示例——因为颜色的区别不仅没有提供帮助，反而令人分心。使用单一颜色的不同饱和度（热力图）会是一个更好的选择。

让我们比较一下图 4-15 中的两个图表。左侧的图中哪里吸引了你的视线？我的视线来回转了几圈，试着发现应该注意的内容。一开始在深紫色上犹豫，然后到红色，然后是深蓝色，大概是因为这些颜色的饱和度比其他颜色更高。然而，当我们考虑这些颜色所代表的含义时，我们会发现它们并不是我们想要受众关注的点。

公司	A	B	C	D	E
公司 A	1	2	3	6	7
公司 B	1	3	4	5	6
公司 C	2	3	6	12	8
公司 D	1	2	8	4	7
公司 E	3	2	4	8	10
公司 F	3	1	6	5	4
公司 G	4	1	8	10	5
公司 H	2	4	10	9	8
公司 I	1	5	4	6	3
公司 J	4	3	7	9	12
公司 K	2	3	4	5	11
公司 L	7	2	3	4	8
公司 M	1	2	3	6	7
公司 N	1	2	4	3	5

排名	1	2	3	4	5+

公司|产品	A	B	C	D	E
公司 A	1	2	3	6	7
公司 B	1	3	4	5	6
公司 C	2	3	6	12	8
公司 D	1	2	8	4	7
公司 E	3	2	4	8	10
公司 F	3	1	6	5	4
公司 G	4	1	8	10	5
公司 H	2	4	10	9	8
公司 I	1	5	4	6	3
公司 J	4	3	7	9	12
公司 K	2	3	4	5	11
公司 L	7	2	3	4	8
公司 M	1	2	3	6	7
公司 N	1	2	4	3	5

图 4-15　少量使用颜色展示销售排名

而右侧的版本使用了单一颜色的不同饱和度。请注意，我们对于相对饱和度的感知是比较有限的，但有一点会令我们受益，那就是相对饱和度意味着量化的假设（饱和度高的颜色代表更大的数值，或者相反——这是你在原图的五颜六色中无法获得的信息）。这很符合我们的初衷，小数字（市场领导者）用更高的饱和度标示。我们最先被深蓝色即市场领导者所吸引。这样的颜色使用显然是经过深思熟虑的。

你的视线停在哪里

有一项简单的测试可以说明前注意属性的使用是否有效。绘制图表，然后闭上眼睛或者看向别的地方，然后再看回来，注意最先吸引你视线的地方。你的视线是否停留在你希望受众关注的地方？寻求朋友或者同事的帮助会更好，请他们谈谈是如何看这张图表的：视线最先停在哪里，然后到哪里，等等。这个好办法可以让你从受众的角度看图，并且确定绘制的图表是否能按你想象的方式吸引注意并且建立信息的视觉层次。

保持颜色一致

我的研讨会上经常有人提出关于新颖性的问题。为了避免让受众觉得无聊，改变颜色或者图表的类型是否有意义呢？我的答案是响亮的"没有"。你应该用故事（我们会在第 7 章中讨论故事），而不是图表的设计元素保持受众的注意。对于图表的类型，你应该一直使用那些受众最容易阅读的类型。在用同样的图表展示类似的信息时，保持同样的布局是有益的，随着你训练受众如何阅读信息，他们对后续图表的解读会变得更容易，也更轻松。

颜色的变化只能说明一点——变化。所以，当你出于某些原因希望受众感觉到变化时，可以利用颜色的变化，但千万不要仅仅因为新颖性而使用。如果你在设计图表时使用灰色的阴影，并且用单一的颜色来吸引注意，请在整个沟通中贯穿始终。例如，受众很快了解到蓝色表示他们应该最先注意的内容，并且可以在阅读后续的图表时利用这个结论。而如果你希望表达主题或者语气的明显变化，颜色切换是在视觉上强调这一点的方法之一。

有些情况下，颜色的使用一定要一致。受众通常会花时间熟悉颜色代表的含义，然后假设同样的细节在后续的沟通中都适用。例如，如果你在图表的 4 个区域展示数据，每个区域有各自的颜色，那么请确保在 PPT 或报告的剩余部分保持同样的设计（尽可能避免将这几种颜色用于别的目的）。不要改变颜色的使用，否则会让受众感到困扰。

照顾色觉障碍人群

大约有 8% 的男性（包括我的丈夫和我的一位前老板）和 0.5% 的女性有色觉障碍。色觉障碍的表现通常为难以区分红色和绿色。因此一般情况下，应该避免同时使用红色和绿色。但有时使用红色和绿色可能有一定的含义，例如用红色表示需要关注的剧烈减少，而用绿色突出明显的增长。你仍然可以使用它们，但要确保还有别的视觉线索可以区分这两个重要的数字，这样你就不至于在不经意间流失部分受众。可以考虑使用加粗、不同的饱和度或亮度，以及在数字前添加正负号等方法确保突出这两个数字。

当需要在图表设计中用颜色同时突出正负两方面时，我经常用蓝色代表正面，橙色代表负面。我认为这些颜色在正负面的联想仍然成立，同时能够避免上面提到的色觉障碍问题。当你面临这样的情况时，思考是否需要用颜色突出正负两个方面，或者只注重其中之一（或者按顺序先突出其中一个，再突出另一个）也能够讲好你的故事。

对色调深思熟虑

颜色能够唤起情感。考虑一下你想要为数据可视化或者整体的沟通设定一个怎样的基调，然后选择一种颜色强化你希望在受众身上唤起的情感。主题是严肃的还是轻松的？你正在做出大胆的声明并希望用颜色强化，还是选择柔和的色彩与更谨慎的做法相呼应呢？

让我们来讨论一些关于颜色和色调的具体示例。曾经有客户告诉我，我绘制的图表看起来"太好了"（太友好）。我只是用了我通常使用的调色板来绘制图表：灰色阴影中稀疏地使用正蓝色来吸引注意。客户正在汇报统计分析的结果，也更习惯于干净利落的商务观感。考虑到这一点，我调整了图表，用黑色吸引注意。我还将一些标题全部换成了英文大写字母，修改了整体的字体（我们会在第 5 章设计的背景下更详细地讨论字体）。

修改后的图表，尽管核心内容不变，却因为这些简单的调整而具有了完全不同的观感。在做这些决定时，我们应该将受众（在这个案例中即为我的客户）放在第一位，考虑他们的需求和期望，做很多其他决定时也是如此。

关于颜色和色调的示例，我还想起在一次出差中随手翻阅航空杂志，看到一篇空洞的关于在线约会的文章，其中有几幅展示相关数据的图。整幅图几乎都是亮粉色和青色。你会在季度商业报告中选用这样的颜色组合吗？肯定不会。但是考虑到文章的主题和轻松的基调，这些活泼的颜色还是挺不错的。

品牌颜色：用还是不用？

有些公司通过大型活动树立自己的品牌和相关联的色调。有时你可能被要求使用品牌颜色。此时成功的关键在于挑选一两种品牌颜色当作"看这里"的线索，而用灰色或者黑色保持图表的其他部分的色调相对柔和。

有些情况下则应该完全排除品牌颜色。例如，有一次我合作的客户使用淡绿色作为品牌颜色。我原本想用这种绿色进行突出，结果它不足以吸引注意。对比度不足使得我绘制的图表有一种褪色的感觉。此时你可以在其他部分都用灰色，而用黑色吸引注意；或者选择一种完全不同的颜色，以保证与品牌颜色同时展示时不会冲突（例如品牌图标会出现在 PPT 的每一页上）。在这种特殊情况下，我选用完全不同颜色的版本获得了客户的青睐。图 4-16 中展示了两种方案的样例。

图 4-16 品牌颜色的使用

简而言之，在使用颜色时请深思熟虑！

页面位置

如果没有其他视觉线索，大多数受众会从图表或者 PPT 的左上角开始，按"之"字形扫视屏幕或者页面。他们会最先看到页面的顶端，这使得这里成为"风水宝地"。考虑将最重要的内容放在这里（如图 4-17 所示）。

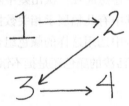

图 4-17 在屏幕或者页面上浏览信息的"之"字形轨迹

如果一件事很重要，将它放在页面顶端。在 PPT 上，这类重要信息可能是文字（主要内容或大标语）。在数据可视化中，考虑哪些数据是你希望受众最先看到的，并考虑以此调整顺序是否合理（并不总是需要调整，但这是你可以用来向受众提示重要性的一种工具）。

以让受众获取信息为目标，而非反其道行之。下面是一个让受众感到别扭的例子：有人曾经给我展示了一幅流程图，它从右下角开始，我需要从右下角向左上角阅读。这让我感到很不舒服（受众的不适感是我们要尽力避免的）。我只想从左上角向右下角阅读，哪怕其他视觉线索尝试鼓励我做相反的事情。另一个我在数据可视化中看到的例子是，数据的取值范围从负值到正值，图表中正值在左边（通常与负值相关）而负值在右边（通常与正值相关）。同样，这个例子中信息的组织顺序与受众希望的理解顺序相反，使得图表难以被解读。我们会在第 9 章研究与此相关的具体示例。

请留意你是如何将元素摆放在页面上，并尽量让受众感到自然的。

重点回顾

前注意属性在少量而有策略地使用时是视觉沟通的绝佳工具。如果没有其他视觉线索，受众只能处理我们呈现的所有信息。利用大小、颜色、页面位置等前注意属性标识重要的信息，从而简化流程。使用这些策略性的属性引导受众的注意，并建立视觉层次，以便按你期望的方式引导受众阅读图表。用"你的视线停在哪里"测试来衡量图表中前注意属性的有效性。

现在，你知道了如何将受众的注意引导到你所期望的地方。

第 5 章

原则五：像设计师一样思考

形式服从功能。这句产品设计的箴言也适用于数据可视化。就数据可视化的形式和功能而言，我们首先考虑的是我们希望受众能用数据做什么（功能），然后才是用可视化（形式）来简化这个过程。在本章中，我们会讨论传统的设计概念如何应用于用数据沟通。我们会探讨可供性、无障碍以及美观度，借鉴一些前文引入的概念，但从略微不同的视角来看待它们。我们还会讨论有哪些策略能提升受众对视觉设计的接受度。

设计师不仅了解优秀设计的基础，同时也相信自己的眼睛。你或许会暗自心想："但我不是一个设计师！"别这么想，你其实也能识别出优秀的设计。通过熟悉优秀设计的通用概念，了解优秀设计的示例，我们会培养出审美能力，也会学到一些具体的秘诀，在设计有些欠缺时可以遵循这些秘诀做出调整。

一看就知的功能

在设计领域，专家会谈到物体的"可供性"。这是设计的固有属性，使得产品的使用方式显而易见。例如，旋钮可以旋转，按钮可以按压，绳索可以拉动。这些特点暗示了如何使用物体或者与物体交互。当可供性足够强时，优秀的设计便会融入背景，你甚至根本不会注意到。

比如，某厨具公司的官网上清楚地提到了其产品的与众不同之处——"通用性设计"，这是一种尽可能面向所有使用者的设计理念。该公司的厨房小工具（曾以"你依赖的工具"作为宣传标语）与我们讨论的话题密切相关。这些小工具被设计成只能以一种方式拿起——唯一正确的方式。这样，这些小工具能够被正确使用，而大多数用户不会意识到这其实归功于深思熟虑的设计（图 5-1）。

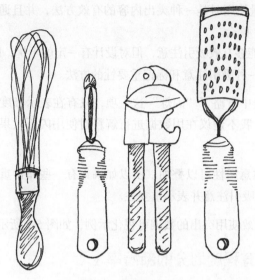

图 5-1 厨房小工具

让我们考虑如何将可供性的概念应用到数据沟通上。我们可以利用设计上的可供性引导受众更好地利用图表以及与之互动。为此我们将具体讨论 3 个方面：(1) 强调重点，(2) 消除多余内容，(3) 建立清晰的信息层次。

强调重点

前面我们已经演示了使用前注意属性将受众的注意引导到我们所期望的地方，换句话说，强调重点。让我们继续探索这条策略。这里的关键在于只应突出整体图表中的一部分，因为突出的效果会随着突出的百分比增加而减弱。建议最多突出图表中 10% 的内容，具体方式如下。

❑ **粗体**、*斜体*和<u>下划线</u>：可用于标题、标签、说明以及短语，用以区分元素。通常优先使用粗体，因为相比斜体和下划线，粗体在清楚地突出所选元素的同时对设计的干扰最小。斜体的干扰也小，但突出的程度更低，而且不够清晰。下划线增添了干扰，妨碍了易读性，因此应该谨慎使用（如果使用的话）。

❑ 大小写和字体：短语使用英文大写字母很容易阅读，所以适用于标题、标签和关键词。避免使用不同的字体突出内容，因为这很难在不妨碍美感的情况下保持明显的差别。

□ **颜色**：在少量使用时是一种突出内容的有效方法，并且通常能够与其他突出技巧（粗体）配合。

□ **反色元素**：能够有效吸引注意，但对设计有一定的干扰，所以应该谨慎使用。

□ **字号**：是另一种吸引注意和标记重要性的方法。

我在上面的列表中省略了"闪烁"这一项，只有在表示极度重要并且需要立刻响应的时候才使用。我不建议在用数据进行解释时使用闪烁效果，比起其作用，它反而更令人厌烦。

请注意这些前注意属性可以叠加，所以如果你有一些非常重要的内容，可以通过放大、着色和加粗吸引注意并表示重要性。

让我们看一个有效使用突出的数据可视化示例，如图 5-2 所示。

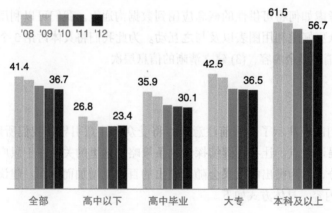

按教育程度划分的新婚率

每1000名适婚成年人中新婚的数量

注：适婚包括新婚、寡居、离异或访问时未婚

图 5-2　数据原图

基于对应的文章，图 5-2 原本旨在演示 2011~2012 年新婚人数的上升主要来自本科及以上学历的人群（尽管图中"全部"并未显示出上升趋势，但让我们先忽略这一点）。图 5-2 的设计并未清楚地将我们的注意吸引到这一点上，我的注意放在 2012 年的条形图上，因为它们在每组中都比其他年份的颜色更深。

修改图表中的颜色使用能够完全重定向我们的注意，参见图 5-3。

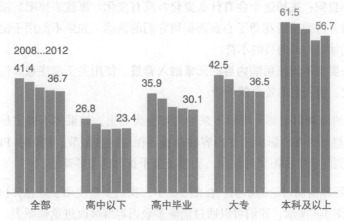

按教育程度划分的新婚率

每1000名适婚成年人中新婚的数量

图 5-3　强调重点

图 5-3 中使用橙色突出拥有本科及以上学历的数据。通过把其他内容都标灰，清楚地突出了我们应该集中注意的地方。我们稍后会再回到这个示例。

消除多余内容

在强调重点的同时，我们还需要消除多余内容。一个设计之所以完美，不是因为它没有多余的东西可以添加，而是因为没有多余的部分可以删减。就数据可视化的设计完美性而言，决定删减或者弱化什么，可能比决定添加或者突出什么更重要。

为了识别多余内容，要同时考虑干扰信息和背景。我们之前讨论过干扰信息：一些占用空间却不传达信息的元素。背景则需要展示给受众，确保想要沟通的内容有意义。对于背景，注意保持合适的量——别太多，也别太少。全面考虑哪些信息很重要，哪些相反。识别出不必要、外来的或者无关的信息。确定这些信息是否对主要内容来说是干扰。所有的这些都是待消除的候选因素。

以下是一些有助于识别潜在多余内容的具体注意事项。

- ☐ **不是所有的数据都同样重要**。合理使用页面空间引导受众的注意，消除不重要的数据或者元素。
- ☐ **当不需要细节时，请总结**。你应该熟悉细节，但这不代表受众也需要熟悉细节。思考是否应该进行总结。
- ☐ **扪心自问：去掉这个会有什么变化？没有变化？那就去掉吧！** 抵制住因为某些内容可爱或者花费了心血而保留它们的诱惑。如果不能用于论证内容，那它们就与沟通的目的不符。
- ☐ **将必要但不直接影响内容的元素融入背景**。使用关于前注意属性的知识进行弱化。浅灰色的效果就不错。

每一步消除和弱化都使得留下来的内容更为突出。如果你不确定是否要删减一些细节，想想可否在不影响主要内容的前提下保留这些细节。例如在 PPT 中，你可以将内容移到附录中供需要时使用，而且不会干扰你的主要观点。

让我们回顾前面讨论的示例。在图 5-3 中，我们少量使用了颜色突出图表中的重要部分。如图 5-4 所示，我们可以通过消除多余内容继续改进这幅图表。

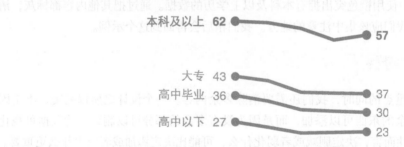

按教育程度划分的新婚率
每1000名适婚成年人中新婚的数量

注：适婚包括新婚、寡居、离异或访问时未婚

图 5-4 消除干扰

在图 5-4 中，我们用一些调整来消除多余内容。最大的改变在于从条形图变为折线图。正如我们所讨论的，折线图通常更容易表现随时间变化的趋势。这一改变还

有着视觉上减少离散元素的作用，因为之前 5 个条形图的数据被减少到端点高亮的单独一条折线。当我们绘制完整数据时，已经将 25 个条形图简化为 4 条折线。这样用折线图组织数据使得单条 x 轴能够表示所有类别。这就简化了信息的处理（而不是在图表左侧的图例中看到年份，然后在各组条形图中进行解读）。

原图中"全部"这一类别被整个删除。这是所有其他类别的聚合，所以单独显示是冗余的，并不增加价值。当然这种信息不总是多余的，但在这里没有任何意义。

我们还将数据标签中的小数四舍五入到最接近的整数。图表中绘制的数据是"每1000 名适婚成年人中新婚的数量"，而我觉得用小数表示成年人的数量很奇怪（几分之一个人！）。而且，这些数字的绝对大小和明显差异意味着不需要小数所提供的精度或者粒度级别。在做出这样的决定时，考虑背景非常重要。

在原图中，我发现标题和子标题间的空间间隔同样导致了对子标题的过度关注，所以我调整时去掉了这一间隔。

最终，图 5-3 中对"本科及以上学历"这一类别的突出得以保留，并拓展到类别名称以及数据标签上。如前所述，这是一种将元素从视觉上联系在一起的方法，便于受众进行解读。

图 5-5 展示了调整前后的对比。

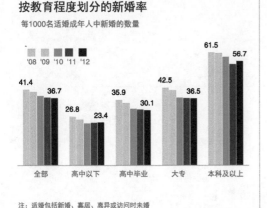

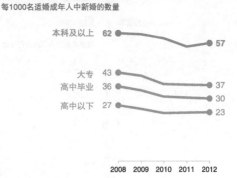

图 5-5   前后对比

通过强调重点并消除多余内容，我们已经显著地改进了这幅图表。

建立清晰的信息层次

正如第 4 章中讨论的，用以强调重点的前注意属性同样可用于建立信息层次。我们可以在视觉上将某些元素前置而将另一些元素融入背景，从而向受众提示处理信息应该采用的一般顺序。

超类的力量

在图表中，有时可以用超类组织数据并为受众提供有助于解读的结构。例如，如果你正在看关于 20 个不同的人口统计细目的数据，可以组织并清晰地将人口统计细目标记为年龄、收入水平和教育背景等群体或者超类。这些超类提供了层次结构，可以简化信息处理的过程。

让我们看一个建立了清晰视觉信息层次的示例，并讨论建立层次时具体的设计选择。想象你是一家汽车厂商，评价某一品牌车型的两个重要维度是 (1) 消费者满意度和 (2) 汽车故障率。散点图可用于可视化当年车型与前一年均值在这两个维度上的比较，如图 5-6 所示。

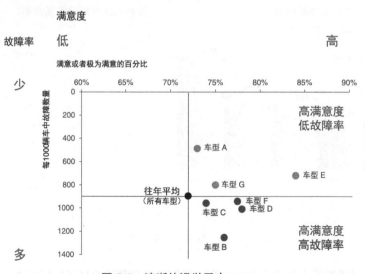

图 5-6　清晰的视觉层次

图 5-6 让我们快速地看到在消费者满意度和汽车故障率两方面，今年各种车型与去年平均水平的比较。字体和数据点的大小和颜色提醒我们应该注意哪里以及按照怎样的顺序解读。让我们考虑一下元素的视觉层次以及它如何帮助我们处理所提供的信息。如果让我描述处理信息的顺序，大致如下。

首先，我阅读了图表标题："车型故障率与满意度"。"故障率"和"满意度"的粗体表示这些词很重要，所以我在阅读图表的剩余部分时也会牢记这一点。

其次，我看到了 y 轴的主标签"故障率"。我注意到这些数据点在这一维度按从少（顶部）到多（底部）排列。之后，我注意到水平 x 轴上的细节：满意度的范围是从低（左侧）到高（右侧）。

然后我被深灰色数据点以及相应的标记"往年平均"吸引。这一点对应坐标轴的参考线，使我能够很快得出前一年均值大概为每 1000 例中 900 次故障以及 72% 的满意或极为满意。这为解释今年的车型数据提供了有用的参考。

最后，我注意到了右下象限中的红色。这些文字告诉我尽管满意度高，但发生的故障也很多。受益于图表的结构，故障率级别高于去年均值这一结论非常清晰。红色强调了这是一个问题。

我们之前讨论了用超类简化解读。在这里，象限标签"高满意度，低故障率"和"高满意度，高故障率"就发挥了这个作用。如果没有这些标签，我可能需要花费一定时间阅读坐标轴标题和标签，最终弄清楚这些象限代表的含义，而加上这些简洁有力的标题，这个过程会容易得多，完全不需要思考。注意左侧的象限没有标记；由于没有数据落在这里，标签是不必要的。

额外的数据点和细节提供了背景信息，但它们融入了背景，以减少认知负荷并简化图表。

在与我的丈夫分享这一图表时，他的反应是："我不是按照这个顺序关注的，我直接看红色了。"这不禁使我思考。首先，我很惊讶他从红色开始，因为他有红绿色视觉障碍，但他表示这里的红色足以区别于其他内容，以至于仍然能够吸引他的注意。其次，我看过非常多的图表，所以从细节开始的习惯已经根深蒂固：在看数据之前，先理解标题和坐标轴的标题。其他人则可能先去寻找结论。如果我们这样做，就会首先被吸引到右下方的象限中，因为红色表达了重要性且应该被注意。在此之后，我们或许会重新往上看，阅读图表的其他细节。

不管在哪种情况下，清晰而深思熟虑的视觉层次能够为受众提供在复杂图表中处理信息的顺序，而不会让他们感到复杂。对于受众而言，强调重点、消除多余内容并且建立视觉层次使得数据可视化更易理解。

适用于所有人

无障碍的概念在于，设计应该对不同能力的人都可用。原本这一考虑旨在服务残疾人，但随着时间的推移而变得更为通用，正如我将在这里讨论的一样。应用到数据可视化上，我把它看作一种能为各种不同技能的人所用的设计。你可能是一名工程师，但不能要求别人有工程师学位才能理解你的图表。作为设计师，让图表简单易用是你的职责所在。

糟糕的设计：谁之过？

精心设计的数据可视化就像精心设计的物体一样，易于理解和解读。当人们难以理解某些东西，例如解读图表时，他们倾向于责怪自己。然而在大多数情况下，问题的根源不在于用户，而是设计有瑕疵。优秀的设计需要计划和思考。最为重要的是，优秀的设计考虑了用户的需要。这是另一个提醒，即在设计数据沟通时，把用户（受众）放在第一位。

举一个无障碍设计的例子——标志性的伦敦地铁图。设计师哈里·贝克（Harry Beck）在 1933 年绘制了一个简练的地铁设计图，他意识到在浏览地铁线路时，地面上的地形是不重要的，可以去除它带来的限制。与之前的地铁交通图相比，贝克的无障碍设计提供了易于参考的图表，并因此成了伦敦的必要指南，甚至是世界各地运输图的模板。这个线路图至今仍在使用，只有一些微小的改动。

我们会讨论与无障碍相关的两条具体策略：(1) 不要过于复杂，(2) 文字是你的朋友。

不要过于复杂

"如果难以阅读，那就难以实施。"这是 2008 年密歇根大学研究团队的研究成果。

首先，他们向两组学生展示了一套锻炼方案的说明。其中一半学生收到的说明使用了易于阅读的 Arial 字体，另一半则使用了 Brushstroke 这一类似手写体的字体。他们询问了学生锻炼全程所需的时间以及尝试这个锻炼方案的可能。结果表明：字体越花哨，学生越难以评估过程，也就越不可能采用。第二项研究使用了一份寿司食谱，得出了相似的结论。

对于数据可视化而言，图表看起来越复杂，受众认为需要越多的时间进行理解，也就越不愿意花费时间。

正如我们所讨论的，视觉可供性可以在这方面有所帮助。以下是一些额外的建议，可避免图表过于复杂。

- ❑ **保持图表易读**：使用一致而易于阅读的字体（字体和字号都需考虑）。
- ❑ **保持图表简洁**：利用视觉可供性使数据可视化易于理解。
- ❑ **使用直观的语言**：选用简单而非复杂的语言，使用精练而非冗长的语句，对任何受众可能不熟悉的专业词汇做出定义，以及拼写出缩略词（至少在第一次使用时，或者在脚注中）。
- ❑ **去除不必要的复杂**：在简单和复杂之间，选择简单。

这不是过于简化，而是避免不必要的复杂。我曾经听过一位备受尊敬的博士的演讲。他的词汇量令我印象深刻。但没一会儿，我便开始失去耐心。高深莫测的词汇，耗费我很多精力思考他的用词，来跟上他的节奏。我发现我越来越烦躁，不想再听他说下去。

文字是你的朋友

深思熟虑地使用文字有助于确保数据可视化无障碍。文字在数据沟通中能起到以下作用：标签、简介、解释、强调、突出、推荐和讲故事。

有一些类型的文字不可缺少。每个图表都需要标题，每条坐标轴也需要标题。无论你认为它们在语境中多么明显，缺少这些标题都会使受众摸不着头脑。相反，明显地标记出来，可以让受众去理解信息，而不是把精力消耗在了解如何阅读图表上。

不要假设两个不同的人看同一幅图表会得出相同的结论。如果你希望受众得出一个结论，用文字进行表达。利用前注意属性让这些文字显得突出。

PPT 上的动作性标题

PPT 顶部的标题栏寸土寸金：请明智地使用它！这是受众在页面或者屏幕上看到的第一样东西，可它常被用于冗余的描述性标题（例如"2023 年预算"）。相反，请将这个地方用于动作性标题。如果你想向受众推荐什么或者号召受众去做什么，请放在这里（例如"预计 2023 年预算超支"）。这意味着受众不会错过它，同时对剩余页面的内容有了心理预期。

　　有时可以直接用文字在图表中注释重要或有趣之处。你可以用注释说明数据之间的细微差别，突出值得注意的内容，或者描述相关的外部因素，如图 5-7 所示。

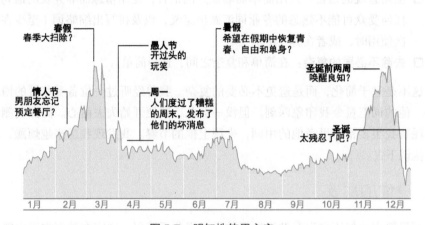

图 5-7　明智地使用文字

　　当从左往右阅读图 5-7 中的注释时，我们看到情人节分手数量有小幅增长，然后在春假的几周内达到峰值（巧妙地写着"春季大扫除？"）。愚人节期间有一段波动。图中还突出了周一分手的趋势。我们能观察到暑假期间分手数量有温和的上升和下降。然后，我们能看到一个大规模的数量上升直到圣诞假期，过后又迅速下降，显然那时与某人分手实在"太残忍"了。

请注意，这几句精心编辑的话为何比其他方式让读取数据更无障碍。

顺便说一句，在图 5-7 中，我之前提出的总是添加坐标轴标题的建议没有被采纳。这种情况是因设计而异的。与绘制的具体度量相比，图中曲线的相对峰谷更令人感兴趣。没有标记纵坐标轴（标题和标签都没有），你就不会陷入关于它的争论（绘制的是什么？它是如何计算的？我认同这一点吗？）当中。这是一个有意识的设计选择，在大多数情况下并不适用，但正如我们在此例中所见，能够在极少数情况下奏效。

在用文本实现无障碍的思路下，我们来回顾第 3 章和第 4 章中讨论的工单示例。图 5-8 展示了我们在消除干扰以及用数据标记和标签吸引受众注意后的成果。

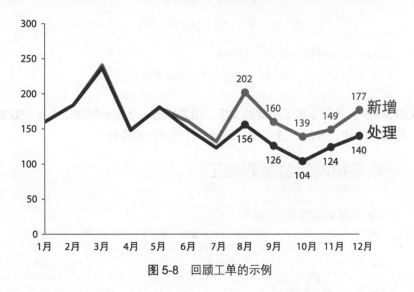

图 5-8　回顾工单的示例

图 5-8 是一幅漂亮的图片，但如果没有文字，就会影响我们理解。图 5-9 中添加了必要的文字来解决这一问题。

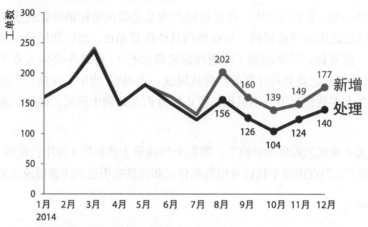

图 5-9 使用文字让图表无障碍

在图 5-9 中，我们添加了必要的文字：图表标题、坐标轴标题以及标记数据源的脚注。在图 5-10 中，我们更进一步，添加了行动呼吁和注释。

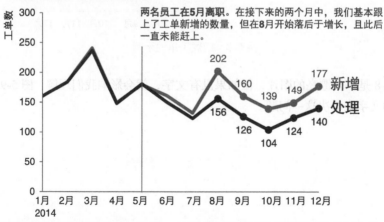

图 5-10 添加行动标题和注释

在图 5-10 中，深思熟虑的文本使用让阅读无障碍。受众很清楚他们在看什么，他们应该注意什么，以及为什么。

美观的设计比不美观的好用

对于数据沟通，是否有必要"让它美观"呢？答案当然是肯定的。人们认为，更美观的设计更容易使用——不管实际上是否如此。研究表明，设计越美观，令人感觉越容易使用，而且随着时间的推移也更能被接受和使用，还能够促进创造性思维和解决问题，培养积极的关系，让人们更能容忍设计中存在的问题。

美观有助于容忍问题的一个绝佳示例，是某洗碗液以前的瓶身设计，如图 5-11 所示。拟人的形状使洗碗液瓶成为一件艺术品，一件应该被展示出来，而不是藏在柜台下的东西。尽管存在泄漏的问题，这一瓶身设计还是非常有效的。人们愿意因其具有吸引力的设计而忽略瓶身泄漏带来的不便。

图 5-11　某洗碗液瓶

在数据可视化中，或者其他用数据沟通的情况下，花时间让设计更美观意味着受众会对图表有更多的耐心，进而增加了成功传达信息的机会。

如果你对于自己创造优美设计的能力信心不足，可以找一些有效的数据可视化示例作为参考。当你看到一幅美丽的图表时，停下来考虑一下，你喜欢它什么。或许可以把它们保存下来，建一个启发灵感的图表集。你可以模仿有效设计来绘制自己的图表。

让我们具体讨论数据可视化中与美学设计相关的一些事情。我们之前已经介绍了美学相关的主要概念，所以这里只会简要地提一下，然后讨论一个具体示例，看看注意美感如何能改进数据可视化。

- ☐ **恰当地使用颜色**。颜色的使用应该特意为之，谨慎而有策略地使用颜色突出图表中的重要部分。
- ☐ **注意对齐**。组织页面上的元素，形成明显的水平和竖直界线，建立起和谐一致的感觉。
- ☐ **利用留白**。保留页边距，不要拉伸图表以填充整个空间，也不要因为有多余的空间就随意地添加内容。

深思熟虑地使用颜色、对齐和留白，若使用得很巧妙，你甚至注意不到。反之，你将会轻易发觉：彩虹一般的颜色，缺少对齐和留白，使得图表看上去很不舒服。这令人感觉混乱，无法突出细节。这对数据和受众而言都缺乏尊重。

让我们看一个示例，如图 5-12 所示。想象你为一家著名的商店工作。图 5-12 展示了当地人口和该公司顾客在 7 个方面的细分情况（例如年龄段）。

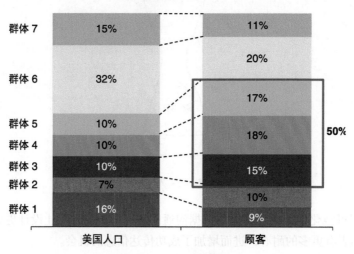

图 5-12　不美观的设计

我们可以用学过的课程做出更好的设计选择。让我们具体讨论如何从颜色、对齐和留白这 3 方面改进图 5-12。

图 5-12 中有太多的颜色在争夺注意，使我们难以一次专注于其中一种。回顾关于可供性的内容，我们应该思考想要突出的内容，并只对它使用颜色。在这个案例中，右侧用包围了群体 3 到群体 5 的红色方框表示这些群体很重要，而争夺我们注意的东西太多，以致需要花一些时间才能看到。我们可以通过有策略地使用颜色，让重点更明显、更容易寻找。

页面元素没有正确对齐。图表标题是居中对齐的，导致它与图表中的其他内容都不对齐。左侧的群体标题也没有对齐，左右没有形成清晰的界线，导致这张图看起来很松散。

此外，留白也被误用了。标题"群体"与数据之间有太多的留白，让人难以将视线从标题"群体"转移到数据上（我有一种用食指追踪的冲动，如果减少标题和数据之间的空白就不用这么做了）。两列数据间的空白太窄，无法最佳地强调数据，而且使用不必要的虚线导致了干扰。

图 5-13 展示了相同信息在问题修复后的显示效果。

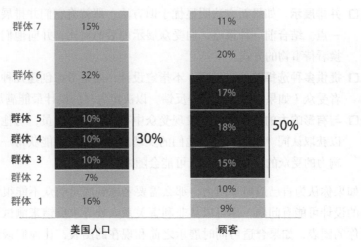

图 5-13　美观的设计

你难道不会多花些时间在图 5-13 上吗？很显然，这一设计注重了细节：设计师需要花费不少时间才能得到这个结果。这会令受众建立一种花时间理解它的责任（糟糕的设计不会有这样的效果）。恰当地使用颜色，对齐元素以及利用留白会为设计带来一种有序的感觉。这种对美学的注意，体现了你对工作以及受众的尊重。

提高接受度

一个设计必须被目标受众接受才算有效。无论设计的是物体还是数据可视化，这句格言都适用。但当受众不接受你的设计时，你该怎么办？

在我组织的研讨会上，参与者经常提及这样的困境：我想改进我们看待事物的方式，但当我试图做出改变时，我的努力却遭到抵制。人们习惯于以某种方式看待事物，并不希望我们去改变这一点。

大多数人对于改变有一定程度的不悦，这是人性的一部分。人们容易接受熟悉的事物，对新观念持保留态度。因此，要对"现有方式"做出重大改变，除了用新方式替代旧方式之外，还需要花费更多精力让新方式获得认同。

你可以在数据可视化设计中采用以下几种策略来获得认同。

☐ **阐述新方法的益处**。有时，简单地让人们理解事情为何会有不同的发展方向，就能使他们感觉更舒适。通过不同的方式看数据，你是否能得出新的或者更好的结论？或者是否有其他益处有助于你说服受众对变化保持开放的心态？

☐ **并排展示**。如果新方法明显优于旧方法，那就将它们并排展示出来以证明这一点。结合前一种策略，向受众展示前后的对比，并向他们解释为什么要转换看待事物的方式。

☐ **提供多种选择并寻求反馈**。不指定设计，而是考虑创建几种选项，从同事或者受众（如果合适）处获得反馈，以决定怎样的设计最能满足需求。

☐ **与有影响力的受众合作**。发现受众中有影响力的成员，与他们一对一地交流以获取认同。寻求并采纳他们的反馈意见。如果你能获得一个或者一些有影响力的受众的支持，其他人可能会随之接受。

如果你认为自己遭遇了阻力，那么需要考虑到底是受众不能很快地接受变化还是你的设计可能有问题。你可以从非利害关系人处寻求反馈来测试这一点。向他们展示你的图表，如果合适可同时展示之前和现在的图表，让他们谈谈看图时的思维过程。他们喜欢什么？他们有哪些问题？他们更偏爱哪幅图表，为什么？倾听没有偏见的第三方的意见有助于你发现问题，而正是这些问题导致了受众不认同你的设计。这样的对话还有助于你明确要点，从而提高受众的接受度。

重点回顾

　　通过理解和运用一些传统的设计理念，我们为成功地用数据沟通做好了准备。为受众提供视觉可供性，以此作为如何与图表交互的提示：强调重点，消除干扰并建立信息的视觉层次。避免设计过度复杂，用文字对图表进行标记和解释，这样会使设计理解起来无障碍。让图表美观，从而提高受众对设计问题的容忍度。利用所讨论的策略为设计寻求受众的认同。

　　恭喜你！现在你已经学了如何像设计师一样思考。

第 6 章

范例剖析

到目前为止，我们已经介绍了一些技巧，可用于提升用数据沟通的能力。现在我们已经理解了什么是使图表有效的基本要素，下面来探讨一些其他的数据可视化优秀范例，用我们所学的知识讨论创建这些图表的思维过程和设计选择。

你会注意到不同的示例中有一些相似的思考。在创建每个范例时，我考虑了希望受众如何处理信息，并相应地决定了需要强调或弱化的内容。因此，你会在不同范例中看到颜色和大小的共同点。图表的选择、数据的相对顺序、元素的位置和对齐以及文字的使用也在一些范例中有所涉及。

这一重复的过程有助于强化我提出的一些概念和设计决策。

本章的每一幅图表都是为了满足特定的需求而绘制的。我会简单描述相关的场景，但不用过分在意细节，而是要把时间花在研究和思考每一幅样例图表上。思考你面临哪些数据可视化挑战，而给出的方法（或者给出方法的某些方面）是否适用。

折线图范例

图 6-1 展示了某公司的任务进度。让我们思考一下是什么使得图 6-1 是一个好的范例，以及设计者在绘制过程中做出了哪些深思熟虑的选择。

图 6-1 对文字的使用非常合理。所有内容都有标题和标记，因此我们对于正在看什么没有任何疑问。图表、纵坐标轴、横坐标轴都有标题。图中各条线都直接进行了标记，因此无须在图例和数据之间来回切换视线以解读图表的内容。文字的合理使用使得图表理解起来无障碍。

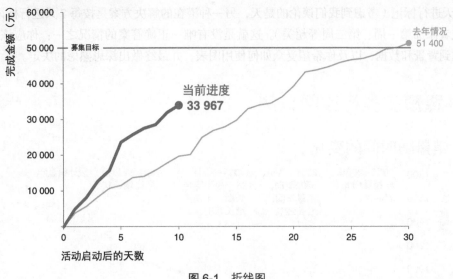

图 6-1　折线图

　　如果应用第 4 章中描述的"你的视线停在哪里"测试,我会简单地扫一眼图表的标题,然后看向"当前进度"的趋势线上去(也正是我们希望受众关注的地方)。我几乎总是用深灰色作为图表标题的颜色。这保证了标题的突出,但又不会像纯黑文字在白底上那样对比强烈(但是在不使用其他颜色时,我也会用黑色作为强调色)。图中使用了一些前注意属性来将注意引导到"当前进度"的趋势线上:颜色、线条加粗、数据标记和终点的标签,以及相应文字的大小。

　　图 6-1 包含了两个用作对比的点,但是将其弱化,使得图表不过于臃肿。图中标记了 5 万元的任务目标用以参考,但只绘制了一条细线使其融入背景,并且细线和文字都使用了与图表中其他细节相同的灰色。图中也包含了去年的数据,但使用了更细的折线以及浅蓝色进行弱化(在视觉上与今年的进度保持联系,但不会抢夺注意)。

　　在坐标轴标签上,图 6-1 中有一些经深思熟虑后做出的决定。对于竖直的 y 轴,你可以考虑将数字四舍五入到千位,这样坐标轴范围就变为 0 到 60,坐标轴标题也会改为"完成金额(千元)"。如果数额达到了几百万的数量级,我可能会考虑这样做。但是对我而言,按千来考虑数字不够直观,所以我选择保留 y 轴标签中数字末尾的 0。

　　对于水平 x 轴,我们不需要将每一天都标记出来,因为我们更关心整体的趋势,而非某一特定日期的情况。由于我们有 30 天中第 10 天的数据，我选择在 x 轴上按每 5 天进行标记（考虑到我们谈论的是天，另一种潜在的解决方案是按每 7 天进行标记，或者添加第一周、第二周等超类）。这就是没有唯一正确答案的情况之一：你应该考虑到背景和数据，以及你希望受众如何使用图表，并最终做出深思熟虑的决定。

注释预测类折线图范例

数据来源：销量指示板。年度指标截至给定年份的12月31日。
* 使用该脚注解释驱动10%年同比增长这一预测的原因。

图 6-2　注释预测类折线图

图 6-2 展示了一幅关于实际及预测年销量的注释折线图。

我经常看到预测数据和实际数据被绘制在同一条折线中，而且从任何方面都无法将预测数据与其余数据加以区分。这显然是一个错误。我们可以利用视觉提示区分实际数据和预测数据，从而简化信息的解读。在图 6-2 中，实线代表实际数据，而细一些的虚线（隐含着相比粗实线不那么确定的含义）代表预测数据。在 x 轴下方清楚地标记实际数据和预测数据有助于强调这一点，同时浅色的背景也使得预测的部分从视觉上得以区分。

在图 6-2 中，除了标题、文本框中的日期、数据（折线）、精选的数据标记以及

2014 年以后的数值标签，其他内容都通过灰色字体和元素融入背景。当我们考虑元素的视觉层次时，我的眼睛首先看到左上角的图表标题（由于其位置以及前一范例中讨论过的大号深灰色文字），然后看到文本框中的蓝色日期，在此停留并阅读相应的上下文，此后继续向下移动到相应的数据或趋势。数据标记仅针对注释中提到的那些数据点，这使得受众能够快速查看哪部分数据对应哪条注释。（原本数据标记是实心蓝点，但我将其改为带蓝色边框的白点，这使得它们以我喜欢的方式更突出一些。预测数据的标记是小一些的实心蓝点，因为带蓝色边框的白点在虚线上看起来很乱。）

　　1080 的数据标签使用了粗体。这是有意进行强调的，因为它是实际数据的最后一点，又是预测数据的锚点。历史数据点并未进行标记。相反，我们保留了 y 轴以提供整体幅度的感觉，因为我们希望受众关注相对趋势而非精确数值。预测的数据点包含了数值标签，从而使受众对前瞻性预期有一个清晰的理解。

　　图 6-2 中的所有文字都使用了同样的大小，有意强调之处除外。图表标题字号更大，脚注则使用小号的字体，以及对图表底部这一低优先级的位置进行了弱化，以便在必要时有助于解读，又不会引起注意。

100% 堆叠条形图范例

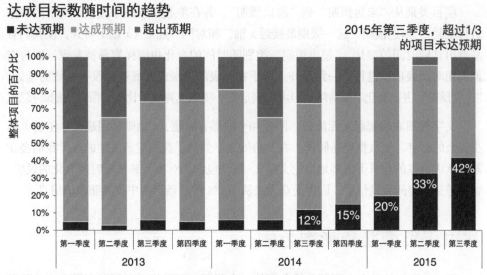

图 6-3　100% 堆叠条形图

图 6-3 的堆叠条形图是来自咨询界的一幅示例图表。每个咨询项目都有相应的具体目标，每个季度会对这些目标的进展进行评估，指定为"未达预期""达到预期"或者"超出预期"。该堆叠条形图展示了每个类别在所有项目中的占比在不同时间的变化趋势。如前面的范例一样，不用过于在意这里的细节，而是思考可以从绘制这些图表的设计考量中学到什么。

让我们首先考虑该图中的元素对齐。图表标题、图例和竖直 y 轴都向左上角对齐。这意味着受众在看到数据之前会看到如何阅读图表。在左侧，图表标题、图例、y 轴标题和脚注都是对齐的，在图表的左侧形成了清晰的界线。在右侧，顶部的文字是右对齐的，并与包含了所描述数据点的最后一个条形图对齐（利用了格式塔的相近性原则）。这一文本框竖直方向上也与图例对齐。

图 6-3 使用红色作为唯一吸引受众注意的颜色（正红色对我而言太刺眼，所以我常用暗红色代替，这里也一样），其余都使用了灰色。图中还在希望受众注意的数据点上使用了数值标签——白色相对红色的突出对比以及大号的文字构成了额外的重要性的视觉提示：未达预期的项目数占比增加。其余数据作为背景信息得以保留，但都融入背景从而不会干扰受众的注意。针对这些数据，我们使用了程度略有不同的灰色阴影，这样你仍然可以一次针对一系列数据进行聚焦，但这不会对红色数据的清晰强调造成干扰。

项目类别从"未达预期"到"超出预期"，并在堆叠条形图中按从下向上的顺序进行绘制。"未达预期"这一级别最接近 x 轴，相对同一起点（x 轴）对齐，使我们容易看出其随时间的变化。"超出预期"类别随时间的变化也同样容易被发现，因为它们都相对图表顶端进行了一致对齐。由于在图表的顶端或者底部都没有一致的基线，"达成预期"占比变化不够清晰，但考虑到这是一项低优先级的比较，所以也能够接受。

文字使图表理解起来无障碍。图表和 y 轴都有标题，x 轴则利用超类（年份）减少冗余的标签，使数据更易阅读。右上角的文字强调了我们应该关注的点（我们会在第 7 章讲故事的背景下更多地讨论文字）。脚注包含了对项目总数随时间变化的说明，这同样是重要的背景信息，因为受众无法从 100% 堆叠条形图中直接获取该信息。

利用正负堆叠条形图范例

图 6-4 展示的是人力资源分析方面的一个范例，可以用于了解对高级人才的预期需求并确定缺口，从而可以主动应对。在该范例中，并购引入以及升职会为总监池

带来预期增长，而人员流失（离职）会导致总监缺口扩大。

如果我们考虑图 6-4 中视线移动的路径，我的视线先扫过标题，然后直接移向大号、粗体、黑色的数字并随着它们一直向右，直到文字告诉我这代表了"未满足的需求（缺口）"。然后我的视线向下，阅读了文字并瞥了眼左侧所描述的数据，最后我看到了底部最后一系列数据"流失"。此时，我的视线在"流失"和"未满足的需求（缺口）"部分之间来回切换，注意到从左向右看时，随着时间推移，总监的总需求数有所增加（可能由于公司整体的扩大，对高级人才的需求也因此增长），但未满足需求的绝大部分原因是当前总监池的流失。

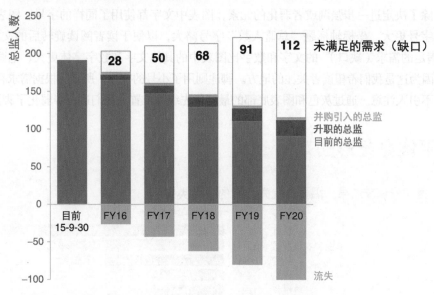

图 6-4　利用正负堆叠条形图

对于图表中颜色的使用，我们有意做出了选择。"目前的总监"用我常用的标准的正蓝色显示，退出的总监（流失）则用饱和度略低的相同颜色，以从视觉上将两者联系起来。随着时间推移，你会看到坐标轴上方的蓝色越来越少，而随着越来越多的总监离开，落在坐标轴下方的比例越来越大。负方向的"流失"数据强调了这部分代表着总监池的减少。通过收购和升职增加的总监用绿色显示（带有正面的内涵）。未满足的需求则只以边框描绘，以空白强调这代表着缺口。每条右侧的文字标签都使用与所描绘数据相同的颜色，而"未满足的需求（缺口）"除外，它同样也使用了大号、加粗、黑色的文字作为数据标签。

各类数据在堆叠条形图中的顺序也经过了思考。"目前的总监"是基础，因此在水平 x 轴上方一开始显示。如我之前所说，负面的"流失"数据则落在 x 轴下方的负方向上。在"目前的总监"之上是增加的部分：升职和并购引入。最终，在堆叠条形图的顶端（我们先看到这里，然后才是数据），我们看到了"未满足的需求（缺口）"。

我们保留了 y 轴，使读者能够对整体的幅度有一个认识（正负两方面），但使用了灰色的文字将其融入背景。只有"未满足的需求（缺口）"这一我们应该关注的数据点才直接用数值加以标记。

除了决定进一步强调或者弱化的元素，图表中文字都使用了同样的字号。图表标题的字号更大。坐标轴标题"总监人数"字号略大，以便于读者阅读旋转后的文字。"未满足的需求（缺口）"的文字和数字比图表中的其他文字和数字字体更大、笔画更粗，因为这是我们希望读者关注的地方。脚注则用了小号的字体，所以它根据需求存在而又不引人注意。通过灰色和图表底部的最低优先级的位置，我们进一步弱化了脚注。

水平堆叠条形图范例

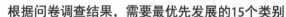

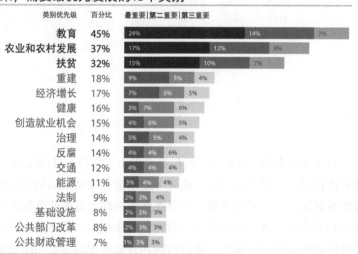

图 6-5　水平堆叠条形图

图 6-5 显示了一个发展中国家对于各方面发展的相对优先级的问卷调查结果。这里面包含了很多信息，但通过有策略地强调和弱化元素，可以使图表在视觉上不会显得很杂乱。

考虑到绘制的内容，堆叠条形图在这里是合适的：最重要（排在第一位，最深的阴影）、第二重要（排在第二位，使用同色但略浅的阴影）和第三重要（排在第三位，使用同色但更浅的阴影）。将图表水平放置意味着左侧的类别名称在水平方向，易于阅读。

各种类别按"占全部的百分比"降序竖直排列，为受众解读数据时提供了清晰的结构。占比最大的类别在图表的顶部，所以我们首先看到这个类别。优先级前三的类别通过颜色进行特别强调（该图表原始版本中的描述主要集中在这一方面）。颜色的使用覆盖了类别名称、占全部的百分比以及数据的堆叠条形图。这种颜色一致性从视觉上将元素联系在一起。

我们在绘制图表时有一个决策点在于是保留坐标轴，直接标记数据点（或者其中的一部分），还是两者都做。在该例中，条形图中的数值标签虽然保留，但使用了小号的字体进行弱化（靠左对齐，形成了清晰的界线，使得你可以一眼扫过数据标签找到"最重要"，这比靠右或者居中对齐导致标签位置不一更为整齐）。数据标签还通过颜色进行了进一步的弱化：浅蓝或者浅灰色不像有色条形图背景上的白色标签那么显眼。x 轴直接被省略了。这里，我们隐式假设具体数据足够重要，需要明确标记。别的场景可能需要不同的处理办法。

正如我们在前面一些例子中注意到的，该图表中的文字使用得很好。所有内容都有标题和标签。用于解读条形图的图例紧贴着第一个数据条的上方，"最""第二"和"第三"这些关键词加粗以进行强调。其他细节在脚注中得以描述。

重点回顾

我们可以通过检视有效的图表以及分析其中的设计考量来进行学习。通过本章中的范例，我们回顾强化了之前介绍的许多内容。我们简单提及了图表类型的选择和数据的顺序。我们考虑了由于使用颜色、粗细和大小等策略强调和弱化元素，我们的视线会被吸引到哪里，以及按照怎样的顺序移动。我们讨论了元素的放置和对齐，还考虑了文字的合理使用，如何通过清晰的标题、标签和注释使图表阅读起来无障碍。

从遇到的每一幅数据可视化图表中，你都应该有所收获——无论是值得学习的还是需要避免的。当你看到喜欢的内容时，停下来思考为什么。订阅了我的博客的人可能知道我也热衷于烹饪，常常用饮食方面的隐喻形容数据分析：在数据可视化中，很少会有（如果有）唯一的"正确"答案，但从来不缺少"好"的味道。本章中我们看到的范例便是图表中的高级料理。

不过，面对同样的数据可视化挑战，不同的人会做出不同的决定。因此，我在这些图表中不可避免地做出了自己的设计选择，而你可能会有不同的处理。这没有关系。我希望通过描述自己的思维过程，让你理解我为什么做出了这些设计选择。这些也是你在自己的设计过程中需要记住的注意事项。最重要的一点是你的设计选择必须是有意识的。

第 7 章

原则六：讲好故事

在我组织的研讨会上，讲故事的课程通常以一个思考练习开始。我会让参与者闭上眼睛回忆《小红帽》的故事，尤其考虑其中的情节、起伏和结尾。这个练习有时会引发一阵笑声，人们会好奇这与课程有什么相关性，或者干脆把《小红帽》与《三只小猪》的故事混淆了。但我发现绝大部分参与者（根据举手的情况，通常有80%~90%）能够记住故事的框架——通常是格林童话原版的修改版本。

请配合我一下，让我告诉你我脑海中的版本：

> 外婆生病了，小红帽带着一篮子好吃的出发，想要步行穿过树林送给外婆。路上，她遇到了一个樵夫和一匹狼。狼跑在了前面，吃掉了外婆，穿上了她的衣服。当小红帽到外婆家的时候，她觉得有点不对。她问了狼（假装成外婆）一系列问题，最后得出结论："哦，外婆，你的牙齿好大！"狼回答说："那是为了更好地吃掉你！"然后它把小红帽吞了下去。樵夫经过，看到外婆家的门半开着，决定进去看看。他在屋里发现了饭后打盹的狼。樵夫怀疑刚刚有事发生，于是把狼的肚子切开。外婆和小红帽在狼腹中，两个人安然无恙。这对大家（除了狼）来说都是快乐的结局。

现在回到你想问的问题：《小红帽》和数据沟通有什么关系？

对我而言，这个练习能够证明以下两件事。首先是重复的力量。你可能听过这个故事的某个版本很多次，或许你读过或者讲过很多次。这种反复听、读和说的过程有助于增强我们的长期记忆。其次，像小红帽这样的故事采用了"情节－起伏－结尾"这种神奇的组合（或者我们很快要学到的亚里士多德三段论），这是我们记忆的一种方式，而且在将来能够回忆并重新讲述给别人听。

在本章中，我们会探索故事的魔力，以及如何将讲故事的理念应用到有效的数据沟通上。

故事的魔力

当观赏一部精彩的戏剧、观看一部引人入胜的电影或者阅读一本神奇的书时，你就体验到了故事的魔力。好的故事会吸引你的注意，带你经历一段旅程，并唤起情感上的共鸣。置身其中，你发现自己无法自拔。在之后的一天、一周甚至一个月里，你仍然可以很容易地向朋友描述梗概。

如果我们也能点燃受众的热情，那岂不是很棒？故事是一种经历时间检验的结构，历史上人们一直用故事进行沟通。我们可以将这一强大的工具应用到商业沟通中。让我们看看戏剧、电影和书籍的艺术形式，理解我们能从故事大师身上学到什么，以帮助我们更好地用数据讲故事。

戏剧中的故事

在西方，叙述结构的概念最先由古希腊哲学家（如亚里士多德和柏拉图）提出。亚里士多德提出了一个基本但深刻的想法：故事应该有明确的开始、中间和结尾。他还提出了戏剧的三段式结构。这一概念随时间推移而变化，现在常被称为铺垫、冲突和解决。让我们简单地看看每一幕结构以及它们包含的内容，然后考虑可以从中学到什么。

第一幕对故事进行设定。这一部分介绍了主要人物或角色、角色之间的关系以及他们生活的世界。设定之后，主角会遇到一个事件，而尝试解决这一事件会导致更为戏剧的情况。这被称为第一转折点。它通常意味着主角的生活与之前截然不同，并提出了一个戏剧性的问题（需要主角付出行动），而答案会出现在戏剧的高潮中。第一幕到此结束。

第二幕构成了故事的主要部分。它描绘了主角尝试解决第一转折点中出现的问题。主角通常缺少解决所面临的问题的技能，因此发现自己面对越来越糟糕的局面。这被称为角色弧，因为发生的种种事情，主角的生活发生了重大变化。他可能需要学习新的技能，或者对自己的身份或能力有更深的认识。

第三幕解决故事及次要情节中的冲突。它包含了高潮，此时故事的紧张局势达到最高程度。最终，第一幕中引入的戏剧性问题得以解答，主角和其他角色也都对自身有了新的了解。

我们可以学到这样几点。首先，三段式结构可以作为沟通的一般模型。其次，冲突和紧张是故事的组成部分。我们会很快回顾这些概念，并探索一些具体的应用。与此同时，让我们看看能从专业的电影人那里学到什么。

故事与电影

说服别人一般有两种办法。

首先是常规的修辞。在商业环境中，这通常以充满了各种事实和统计数据的 PPT 的形式出现。这是一个斗智的过程。但这也存在问题，因为当你试着说服受众时，他们正在脑海中和你争论。如果你成功地说服了他们，只是说明你在智力上更胜一筹。这还不够好，因为人们不仅仅受理智驱动。

想象我们将小红帽的故事缩减为常规的修辞。

- ❑ 小红帽需要从 A 点（家）走 0.87 千米到达 B 点（外婆家）
- ❑ 小红帽遇到了狼，狼 (1) 先跑到外婆家，(2) 吃掉了外婆，(3) 穿上了外婆的衣服
- ❑ 小红帽下午两点到了外婆家，问了她 3 个问题
- ❑ 发现问题：小红帽问了 3 个问题后，被狼吃掉
- ❑ 解决方案：供应商（樵夫）使用工具（斧子）
- ❑ 期望结果：外婆和小红帽活下来，狼死了

缩减到事实之后，故事看上去没什么意思，对吧？

第二种说服的方法是通过故事。故事将想法和情绪结合在一起，唤起受众的注意力和精力。讲述一个引人入胜的故事需要创造力，所以它比传统修辞更困难。但是走创造力的弯路是值得的，因为故事能够使受众的参与程度达到全新的水平。

故事究竟是什么？从根本上讲，故事表达了生活如何以及为何改变。它始于平衡，然后发生了一些事——打破了平衡。这与我们在戏剧背景下讨论的紧张是相同的。所造成的斗争、冲突和悬念是故事的关键组成部分。

故事可以通过提出几个关键问题来揭示：主角需要什么来恢复他生活的平衡？核心需求是什么？是什么阻止主角实现他的愿望？在这样的对抗下，主角决定如何行动以实现愿望？在创建故事后，回顾一下：我相信这个故事吗？冲突是否过于夸张或者无力？它现实吗？

我们可以用故事以超越事实的方式让受众从情感上参与。更具体地说，我们可

以用上述问题来识别出构成沟通框架的故事。我们会很快考虑这个问题。首先，对于书面语言，让我们看看能从大师那里学到什么。

故事与写作

如何撰写一个引人入胜的故事？

- ☐ **寻找你关心的主题**。在你的风格中，最吸引人的元素是对该主题的真正关心，而非玩弄文字的手法。
- ☐ **不要滔滔不绝**。
- ☐ **保持简单**。主题深刻，句子简单，如同孩童写的一样。"To be or not to be'?"，这当中最长的单词不过 3 个字母。
- ☐ **敢于删减**。如果一句话无法以新的或者有效的方式呼应你的主题，无论多好，都请删掉它。
- ☐ **做自己**。我发现当我的文章像出自一个印第安纳波利斯人之手时，我最为相信自己的文字，别人也有同感。事实上，我正是来自印第安纳波利斯。
- ☐ **按规矩说话**。如果我违背所有标点的使用规则，按我所想的含义去使用文字并把它们随意串起来，则没人能理解我。
- ☐ **心怀读者**。受众希望我们是有同情心和耐心的老师，为此我们应简化和澄清以便受众看懂。

这些建议中包含了一些可以用于讲故事的亮点。保持简单，敢于删减，保持真实。

别为自己沟通——为受众而沟通。故事是为他们准备的，不是为了你自己。

既然我们已经从大师那里学到了一些，就来考虑如何创造自己的故事。

构建故事

第 1 章介绍了叙述的基础，用中心思想、三分钟故事和故事板列出内容大纲，同时开始考虑内容组织的顺序和流程。我们明白了了解受众有多么重要——包括他们是谁以及我们需要他们做什么。另外，我们还了解到如何完善沟通中所用到的数据可视化图表。在此基础上，是时候回到故事本身了。故事将信息联系在一起，为我们的演示和沟通提供了受众可以参考的框架。

或许冯内古特也欣赏亚里士多德简单而又深刻的结论——故事有清晰的开头、中间和结尾。例如，回顾我们对《小红帽》的思考：情节、起伏和结尾的神奇组合。我们可以利用包含开头、中间和结尾的思路设定用数据进行沟通的故事。让我们详细讨论每一个部分以及创造故事时需要考虑的细节。

开头

首先要做的是介绍情节，为受众建立情境。我们必须设立故事的必要元素（设定、主角、未解决的问题及期望的结果），保证大家达成共识，这样故事才能继续。我们应该让受众参与，激发他们的兴趣，回答他们脑海中潜在的问题：我为什么要关注？这对于我而言有什么意义？

对于故事的设立，以下是需要思考和解决的问题。

- ❑ 设定：故事发生在何时何地？
- ❑ 主角：谁在驱动情节的发展？（这应该根据受众是谁而定！）
- ❑ 失衡：为什么冲突是有必要的？发生了哪些变化？
- ❑ 平衡：你希望看到发生什么？
- ❑ 解决：你会如何带来变化？

另一种考虑在沟通中应用"失衡－平衡－解决"的思路，是套用故事中的问题和解决办法。如果你在想"可我的故事中没有问题"，你或许要重新考虑。正如我们所讨论的，冲突和戏剧性的紧张是故事的关键部分。一个天下太平、一帆风顺的故事是无趣的，无法吸引注意和激发行动。把冲突和紧张当作讲故事的工具，在失衡和平衡之间，或者在你所关注的问题上，它能帮助你吸引受众。将你的故事套上他们（受众）的问题，这样他们将立刻参与到问题的解决之中。这种紧张称为"现状与演变的冲突"。永远都要有故事可讲。如果数据值得沟通，那就值得花费必要的时间将其套入故事。

中间

一旦设定了舞台，可以说未来沟通的大部分在于发现"演变"，旨在说服受众采取必要的行动。通过说明如何解决你引入的问题，你能够将受众的注意保持在故事的这个部分上。你需要努力说服他们为什么应该接受你提出的解决方案或者按你建议的方式采取行动。

　　具体内容会根据实际情况采取不同的形式。在构建故事并说服受众采纳时，以下是一些可以涵盖的内容。

- ☐ 覆盖相关背景，进而推动情况和问题进一步发展。
- ☐ 结合外部背景和对比点。
- ☐ 举例说明问题。
- ☐ 纳入能够说明问题的数据。
- ☐ 阐述如果不采取行动或者不发生变化会怎样。
- ☐ 讨论解决问题的潜在选择。
- ☐ 说明建议方案的优势。
- ☐ 向受众阐明为什么他们会处在这一决策的位置。

　　当考虑在沟通中包含什么内容时，将受众放在首位。考虑什么能够与他们产生共鸣并激励他们。例如，受众的动力是否来源于赚钱、赢得竞争、获得市场份额、节省资源、裁撤冗员、创新、学习新技能或者别的什么？如果你能识别出什么可以激励受众，不妨考虑以此构建故事并号召行动。同时还要考虑数据能否以及何时能强化故事，将其整合进来，使其有意义。在沟通过程中，让信息具体与受众相关。整个故事也要与他们相关，而非与你相关。

先写标题

对于构建演示或沟通的整体流程，一种策略是首先创建标题。回顾我们在第 1 章中讨论的故事板：将每条标题写在便利贴上，调整顺序以形成清晰的流程，按逻辑顺序将它们连接起来。建立这样的结构有助于确保受众遵循逻辑顺序。最后还可以将标题作为 PPT 的标题或者书面报告中每一节的标题。

结尾

　　最终，故事必须结束。以呼吁行动结束：让受众完全清楚地了解，你希望他们如何利用你传授的新知识。结束故事的经典方法之一是呼应开头。在故事开头，我们设定了情节，引入了戏剧性的紧张。为了总结，你可以考虑回顾这个问题以及对行动的需求，重申紧迫性，让受众准备采取行动。

　　对于故事的顺序，另一个重要的考量便是叙述结构，这将是我们接下来要讨论的内容。

叙述结构

　　一次沟通只有以叙述为核心才能成功。无论书面、口头或是二者结合，只有叙述才能以有意义的顺序讲述故事，并说服受众为什么重要或有趣，以及为什么应该关注。

　　如果没有吸引人的叙述，即便是最美丽的数据可视化图表也会落得平淡无奇。

　　如果你曾遇到过采用普通 PPT 的重要演讲，或许有所体会。熟练的演说者能够克服平庸素材带来的负面影响，强有力的叙述能够弥补不理想的图表。这并不是说你不该花时间改善数据可视化图表，而是在强调富有吸引力和强大感召力的叙述的重要性。有效的图表结合强有力的叙述便能达到用数据沟通的巅峰。

　　关于故事的顺序以及口头和书面叙述，让我们讨论一些具体的问题。

故事的顺序

　　想想你希望受众体验怎样的故事顺序。他们是不是繁忙的受众，会感激你开门见山地提出对他们的要求？他们是不是新的受众，需要你先建立信任？他们关心过程还是只需要答案？这是一个需要他们参与的协作过程吗？你希望他们做决定还是采取行动？你要怎样说服他们以你所期望的方式行动？这些问题的答案有助于决定何种叙述流最适用于你的具体情况。

　　这里有一个重要的基本观点，就是你的故事需要有顺序。只有关于特定主题的一系列数字和文字，而没有结构组织赋予其含义是没有用处的。叙述流正是你在演讲或沟通过程中口头或书面引导受众的路线。这条路线你自己应该清楚。否则，你肯定没有办法让受众弄清楚。

　　通常，组织故事最自然的顺序之一是时间顺序。例如，如果我们考虑一般的分析过程，它看起来像这样：我们发现一个问题，收集数据以更好地了解情况，分析数据（以一种或另一种方式看数据，联系其他事物看是否有影响等），得出结论或解决方案，在此基础上得出建议的行为。而在沟通中，将信息传达给受众的方法之一就是遵循同样的路径，让受众经历与我们相同的分析过程。如果你需要与受众建立信任，或者你知道受众关心这一过程，这种方法会很有成效。但时间顺序并不是你唯一的选择。

帮我把它变成故事

当 客户带着 PPT 找到我寻求帮助时，我所做的第一件事就是要求他们撇开 PPT。我会简单带他们看一遍第 1 章中有助于阐述中心思想和三分钟故事的练习。为什么呢？在沟通之前，你必须充分了解你希望沟通的内容。一旦你有了中心思想和三分钟故事，便可以开始考虑使用什么叙述流最好以及如何组织 PPT。

一种做法是在开始用一张 PPT 列出故事的要点。这将成为演讲开始时向受众阐述的概要，"这是我们会涵盖的内容"。然后将剩余 PPT 按同样的流程组织。最终在演讲结束时，你会重复这一点（"这是我们会涵盖的内容"），并强调需要受众采取的行动或做的决定。这有助于建立演讲的结构，并使受众了解它。这也同时利用了重复的力量，确保信息传达给受众。

另一种策略是从结尾开始。先从呼吁行动开始：你需要受众了解或者做什么。然后回到支撑故事的关键部分。如果你已经与受众建立了信任，或者你知道他们对结论更感兴趣而不太在乎方式，这一策略则更适用。以呼吁行动开始有额外的好处：可以使受众立刻清楚他们应该扮演什么角色，或者应该用什么视角考虑接下来的演讲或者沟通，以及为什么他们应该继续听下去。

为了使叙述流清晰，我们还应该考虑故事的哪些部分应该用书面叙述而哪些部分应该用口头叙述。

口头叙述和书面叙述

如果你在做演示，无论是正式地站在房间前面，还是非正式地坐在桌子旁，大部分叙述将是口头的。如果你正在发送电子邮件或者报告，叙述很可能全是书面的。这两种形式都有各自的机会和挑战。

在现场演示中，你能够用语言强调屏幕或者页面上的文字。以这种方式，受众可以同时看到和听到他们需要了解的内容，从而强化了信息。你可以用旁白让每幅图表的"结论"都很清晰，与受众相关，并相互联系起来。你能够按需回答和澄清问题。而现场演示的一个挑战在于，你必须确保受众在 PPT 上阅读的内容不是过于密集或耗费精力，否则他们的注意会集中在 PPT 上，而非聆听你的演示。

另一个挑战在于受众会有无法预测的行为。他们会提出无关的问题，跳到演示后面涉及的数据，或者做一些别的事情使你偏离轨道。这也是清楚地阐述你希望受众扮演的角色以及如何组织演示的非常重要的原因之一，尤其是在现场演示中。如果你预计某一位受众将要偏离主题，可以这样说："我知道你会有很多问题，请把它们写下来，我保证最后会留时间解答。但首先看看我们团队得出结论的过程，这也可以解释今天需要你们做什么。"

再例如，如果你准备从结尾开始，这与通常的方法（告诉受众这是你正在做的事）不同，可以这样说："今天，我会先讲讲需要你们做什么。我们的团队做了详尽的分析，得出了这一结论，我们也衡量了几种不同的选择。我会带你们浏览一遍。但在此之前，我希望先说明今天我们对你们的要求，那就是……"通过告诉受众你会如何组织演示，你和受众都会更舒适，也有助于让受众了解应该期待什么以及他们应该扮演什么角色。

在书面报告（被传阅而非投影的 PPT，或者在演示后作为备忘）中，你无法用旁白关联 PPT，它们必须不言自明。书面叙述则能够实现这一目标。考虑什么词语需要被展示。在资料被传阅而你不能在一旁解释时，让每页 PPT 的"结论"清晰是尤其重要的。你或许经历过这一点做得不好的情况：你在听演示，看到 PPT 列出了一系列事实，或者满是数字的图表，不禁思考"我不知道我该从中获得些什么"。千万别让这种情况发生在你的作品中：确保文字的存在是为了让你的观点清晰并与受众相关。

在这种情况下，从对主题不熟悉的人那里获得反馈极其有用。这能够帮助你发现需要澄清之处、流程上的问题，或者是受众可能提出的问题，这样你可以主动解决。书面报告的好处是，如果它有清晰的结构，受众可以直接跳到感兴趣的部分。

在建立叙述结构和流程时，重复是在讲故事中值得使用的另一种策略。

重复的力量

回顾《小红帽》的故事，我能记住它的原因之一在于重复。在我还是一个小女孩的时候，我无数次听过和读过这个故事。如第 4 章中讨论的，重要的信息逐渐从短期记忆转移到长期记忆中。信息重复或使用得越多，最终到达长期记忆并保留下来的可能性就越大。这就是为什么《小红帽》的故事直到今天都还留在我的脑海中。在所讲的故事中，我们也可以利用重复的力量。

使用重复的声音片段

❝ 如果人们能够轻松地回忆、重复并转达你的信息，那你就做得不错。"为帮助你达到该目标，推荐利用可重复的声音片段：简洁、清楚而可重复的短语。

对于利用重复的力量，让我们来看"Bing、Bang、Bongo"这一概念。在学习撰写论文时，我的初中英语老师向我介绍了这个创意。它一直伴随着我，或许是因为"Bing、Bang、Bongo"这个名字的和音以及我的老师将它用作可重复的声音片段。在我们需要用数据讲故事时，它也能用得上。

这个创意的意思是，你首先应该告诉受众你准备讲什么（"Bing"，论文中的简介部分），然后讲给他们听（"Bang"，实际的论文内容），最后总结所讲的内容（"Bongo"，结论）。应用到演讲或报告上，你可以以概要开始，为受众列出你将要覆盖的内容，然后给出细节或演讲的主要内容，最终以一页总结性的 PPT 或是小节结尾，回顾你涉及的要点（图 7-1）。

图 7-1　Bing、Bang、Bongo

如果你是准备演讲或者撰写报告的那个人，或许你感觉有些多余，因为你已经对内容非常熟悉了。但对受众（没有你那么熟悉内容）而言，这种体验很好。你为他们对覆盖的内容设定好了预期，提供细节并进行总结。这样的重复有助于他们将内容牢牢印在记忆里。在听到你的信息 3 次之后，他们对应该了解和做什么都清楚了。

"Bing、Bang、Bongo"是有助于保持故事清晰的策略之一，让我们继续看看别的策略。

把故事讲清晰的策略

我常常在研讨会上讨论一些确保故事清晰的概念，主要适用于演讲的 PPT。尽管并不总是如此，但我发现 PPT 通常是很多公司沟通分析结果、结论和建议的主要形式。这里面的部分概念对于书面报告或其他形式也适用。

让我们讨论 4 种能让故事更清晰的策略：水平逻辑关系，垂直逻辑关系，反向故事板和新视角。

水平逻辑关系

水平逻辑关系背后的理念在于你可以只阅读每张 PPT 的标题，这些片段可以拼成整个故事。这些标题必须是行为性标题（而非描述性标题）才能有好的效果。

策略之一是在最开始放一张概要 PPT，内容按顺序对应一条条 PPT 标题（图 7-2）。这是一种行之有效的方法，能够让受众了解应该期待什么，并带他们浏览所有细节（回想之前提到的"Bing、Bang、Bongo"方法）。

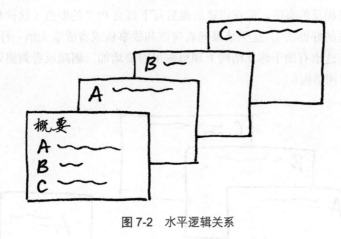

图 7-2　水平逻辑关系

检查水平逻辑关系是验证幻灯片中故事是否清晰的方法之一。

垂直逻辑关系

垂直逻辑关系代表某张 PPT 上的所有信息是自强调的，内容与标题相互呼应，文字与图表相互呼应（图 7-3）。PPT 上没有任何额外或者无关的信息。很多时候，去除什么或者将什么放到附录中的决定，与保留什么同样重要（有时甚至更加重要）。

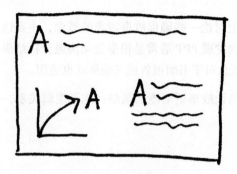

图 7-3 垂直逻辑关系

同时使用水平和垂直逻辑关系有助于确保你的故事在沟通中清晰易懂。

反向故事板

在沟通开始使用故事板时，你会列出故事的大纲。与名字所暗示的一样，反向故事板做的是相反的事情。你在沟通的最后写下每页 PPT 的要点（这同样也是验证水平逻辑关系的好办法）。这个结果列表应该和故事板或者故事大纲一样（图 7-4）。如果不一样，这也有助于你从结构上理解哪里需要增加、删减或者调整以建立出故事的整体流程和结构。

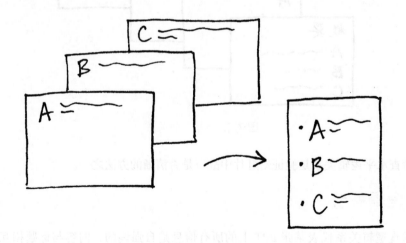

图 7-4 反向故事板

新视角

对于数据可视化，我们已经讨论过新视角的价值，它有助于从受众的视角看待问题（图 7-5）。为整个演讲征集这方面的反馈也会非常有帮助。当你完成沟通的构建时，先与朋友或者同事进行排练。朋友或者同事可以是不了解背景的人（实际上完全不了解背景的人是有帮助的，这使得他们比你更接近受众，因为你对主题已经有了相当的了解）。请他们告诉你他们的关注点，他们认为重要的内容以及他们的疑问。这有助于你了解所讲述的故事与你的期望是否一致，如果不完全一致，也有助于你识别下一步迭代的目标。

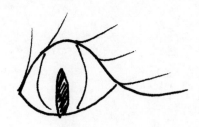

图 7-5　新视角

总之，对于用数据沟通，新视角有着令人难以置信的价值。随着逐步深入理解主题，我们愈发无法后退一步，以受众的视角审视我们的作品（无论是一幅图表还是整套 PPT）。但这不意味着你无法了解他们的视角。借用朋友或者同事的新视角，确保你的沟通正中目标。

重点回顾

故事是有魔力的，它们有着事实无法企及的吸引和打动我们的力量。在构建你的沟通时，为什么不利用这一潜在的力量呢？

当构建故事时，应该使用开头（情节）、中间（起伏）和结尾（呼吁行动）这样的形式。冲突和紧张是吸引并保持受众注意的关键。故事的另一个核心元素是叙述，我们应该从顺序（正序或者倒序）和方式（口头叙述、书面叙述或者二者结合）的角度来考虑。我们可以利用重复的力量让受众记住我们的故事，也可以采用水平和垂直逻辑关系、反向故事板以及寻求新视角等策略确保我们的故事清晰易懂。

　　我们所讲述的每个故事的主角都应该相同：我们的受众。只有让受众作为主角才能确保故事是关于他们而不是关于我们的。通过与受众联系起来，我们所展示的数据会成为故事中的关键点。你再也不应该只是展示数据，而是应该用数据讲故事。

　　至此，你已经知道如何讲好一个故事了。

　　接下来，让我们从头到尾完整地看一个用数据讲故事的示例。

第 8 章

六步做出好图表

把目前为止所学的知识综合起来，能够帮助你成功进行有效的数据可视化和沟通。

在本章中，我们将通过一个范例，应用前面所学的知识，从头到尾示范一遍用数据讲故事的流程。

让我们首先考虑图 8-1，它展示了 5 种消费品平均售价随时间的变化。请花些时间研究它。

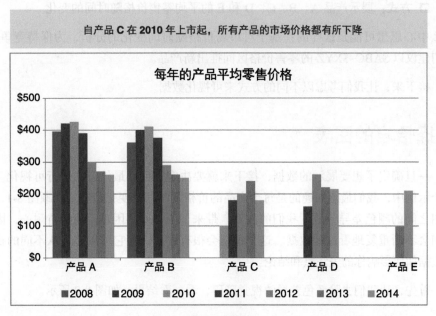

图 8-1　原图

　　一看到这幅图，我们就很容易开始吹毛求疵。但在讨论将图 8-1 中数据可视化的最佳方式之前，让我们先退一步考虑语境。

理解语境

　　在面对可视化挑战时，要做的第一件事是确保你对语境和所需要沟通的内容有扎实的理解。我们必须识别出具体的受众，明确他们需要了解或者做什么，并决定用什么数据阐释我们的情况。我们应该先列出中心思想。

　　在这个示例中，假设我们为一家做消费品的创业公司服务，我们开始考虑如何为产品定价。这个决策过程中的考量之一（我们这里关注的一点），在于这个市场中竞争对手的产品零售价格是如何随时间变化的。从原图中可以得出一个可能重要的结论："自产品 C 在 2010 年上市起，所有产品的市场价格都有所下降。"

　　如果我们停下来考虑其中具体的对象、内容和方式，假设如下，

- ❏ **对象**：产品负责人，定价的主要决策者
- ❏ **内容**：理解竞争对手的价格如何随时间变化，并推荐一个价格区间
- ❏ **方式**：展示产品 A、B、C、D 和 E 的平均零售价格随时间的变化

那么中心思想可能是这样的：基于对市场价格随时间变化的分析，为保持竞争力，我们建议以 $ABC~$XYZ 的零售价格区间推出新产品。

　　接下来，让我们考虑以不同的方式来可视化数据。

选择恰当的图表

　　一旦确定了想要展示的数据，接下来就要决定如何以最佳方式进行可视化。在这个示例中，我们最感兴趣的是每个产品的价格随时间的变化趋势。回顾图 8-1，条形图之间的颜色差异分散了我们的注意，带来了不必要的困难。请保持耐心，因为我们会不断重复地看这些数据。这个过程会很有趣，因为它可以解释从不同的视角看数据如何影响你的关注点和结论。

　　首先，让我们去除颜色差异的视觉障碍，看一看结果，如图 8-2 所示。

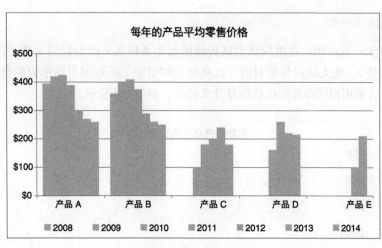

图 8-2　去除颜色差异

你并不是唯一一个想要继续消除干扰的人。我不得不抵制这种冲动，因为这是我通常会做的事。在这个示例中，让我们先不这么做，在下一章中我们会一次性处理它。

既然原图的标题中强调的是产品 C 在 2010 年上市后发生的事情，让我们高亮相关的数据条，便于我们集中注意，如图 8-3 所示。

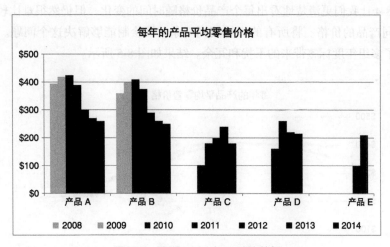

图 8-3　强调 2010 年以后的数据

经过研究，我们发现在所关注的时间段内，产品 A 和产品 B 的平均零售价格有明显的下降，但后续上市的产品并非如此。在我们讲故事时，显然需要修改原图的标题以反映这一点。

如果你一直在想，这里应该尝试折线图而非条形图（因为我们主要关注随时间变化的趋势），毫无疑问你是对的。这样做同时消除了条形图自动形成的台阶效果。让我们看看采用相同布局的折线图是什么样的，如图 8-4 所示。

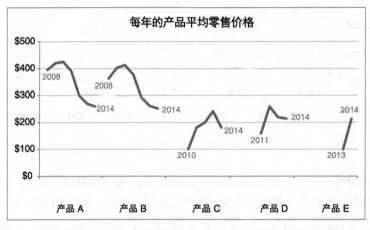

图 8-4　改为折线图

图 8-4 让我们更清楚地看出每个产品价格随时间的变化，但仍然很难比较同一时间点不同产品的价格。将所有的折线按同一条 x 轴绘制能够解决这个问题。这也同时减少了多组年度标签带来的干扰和冗余。结果如图 8-5 所示。

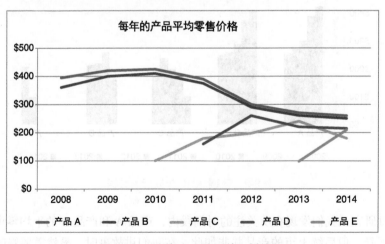

图 8-5　对所有产品使用单一折线图

由于切换到新的图表设置，Excel 把我们之前去除的颜色加了回来（将数据和底部的图例联系起来）。让我们暂时忽略这一点，考虑图 8-5 是否满足我们的需求。如果重新审视，我们的目的在于理解竞争产品的价格如何随时间变化。图 8-5 中的数据展示方式能够相对轻松地达到该目的。通过消除干扰和吸引注意来确保信息更容易被吸收。

消除干扰

图 8-5 展示了图表依赖 Excel 默认设置的样子。我们可以通过以下调整进行改进。

☐ **弱化图表标题**。图表标题需要存在，但没必要用加粗的黑体吸引如此多的注意。

☐ **去除图表边框和网格线**。它们占用空间却不增加价值。别让不必要的元素分散你的注意。

☐ **将 *x* 轴、*y* 轴和标签置成灰色以融入背景**。它们不该在视觉上与数据竞争。同时修改 *x* 轴上的数据标记，与数据点对齐。

☐ **消除折线之间的颜色差异**。我们可以更有策略地使用颜色，稍后会讨论这一点。

☐ **直接标记折线**。这样有利于避免在图例和数据之间来回切换，受众一下就能理解数据。

图 8-6 展示了经过这些调整后的图表。

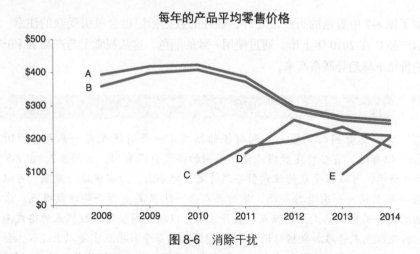

图 8-6　消除干扰

接下来，让我们看看如何引导受众的注意。

引导受众的注意

根据图 8-6 所示，我们可以更容易地看到产品价格随时间变化的趋势并予以评论。让我们继续探讨如何通过有策略地使用前注意属性来关注数据的不同方面。

考虑最初的标题"自产品 C 在 2010 年上市起，所有产品的市场价格都有所下降"。仔细观察数据后，我可以将它改成"自产品 C 在 2010 年上市后，**已有产品的平均零售价格有所下降**"。图 8-7 展示了如何通过有策略地使用颜色将重要的数据点与这些文字联系起来。

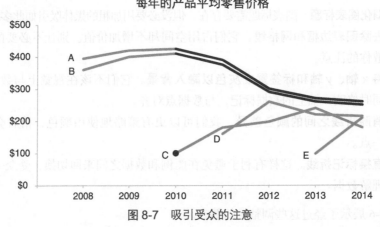

图 8-7   吸引受众的注意

除了图 8-7 中着色的折线段之外，额外的数据标记也会吸引受众的注意，它用于表示产品 C 在 2010 年上市。通过使用一致的颜色，这从视觉上与产品 A 和产品 B 相应的价格下降趋势联系起来。

调整 Excel 中图表的元素

通常，你会同时调整一系列数据的格式（一条折线或者一系列条形图）。但有时，有些特定数据点使用不同的格式会很有用，如图 8-7、图 8-8 和图 8-9 所示，可以将受众的注意引导到特定的部分上。为实现这一效果，可以在数据序列上点击一次进行高亮，然后再点击一次只高亮感兴趣的数据点。鼠标点击右键并选择"格式化数据点"打开菜单，以按需调整特定数据点的格式（例如，修改颜色或者添加数据标记）。为你想修改的每个数据点重复以上过程，会耗费一些时间，但最终的图表对受众而言更易于理解。这些时间就花在了刀刃上！

　　我们可以利用同样的图表和策略来关注其他的结论，其中一个可能更有趣且值得注意："在该领域每推出一个新产品，通常会看到平均零售价格先上升，然后下降。"如图 8-8 所示。

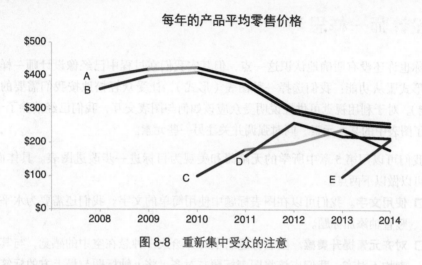

图 8-8　重新集中受众的注意

　　这一点或许也值得注意："2014 年，产品的零售价格收敛到**均价 223 美元**，其中最低的 180 美元（产品 C），最高的 260 美元（产品 A）。"图 8-9 用颜色和数据标记将我们的注意集中到特定的数据点上以支持这一结论。

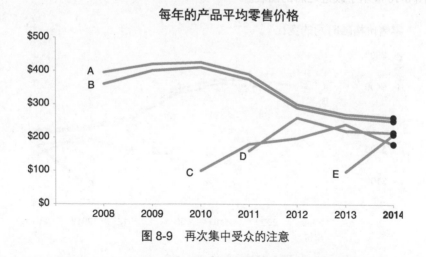

图 8-9　再次集中受众的注意

　　使用前注意属性，你能够从数据的不同角度更清楚地得出某些结论。这一策略可用于突出并讲述故事的不同部分。

在继续考虑如何以最佳方式讲述故事之前,让我们从设计师的角度完善图表。

像设计师一样思考

你也许还没有明确地认识这一点,但其实我们在过程中已经像设计师一样思考了。形式服从功能:我们选择一种图表(形式),让受众轻松地按我们需要的去做(功能)。对于利用视觉可供性说明受众应该如何与图表交互,我们已经消除了干扰,弱化了图表中的某些元素,同时强调并关注另一些元素。

我们可以用第 5 章中所学的无障碍和美观为目标进一步改进图表。具体而言,我们可以做以下两点。

- ❑ **使用文字**。我们可以在图表标题中使用简单的文字。我们还需要为水平轴和竖直轴添加标题。
- ❑ **对齐元素提升美感**。图表标题居中对齐给人一种悬在空中的感觉,与其他元素均不对齐。我们应该将图表标题左对齐。将 y 轴标题与最上方的标签竖直对齐,将 x 轴标题与最左侧的标签水平对齐,这样建立出清晰的界线,确保受众在看到实际数据之前先明白如何解读数据。

图 8-10 展示了改进之后的图表。

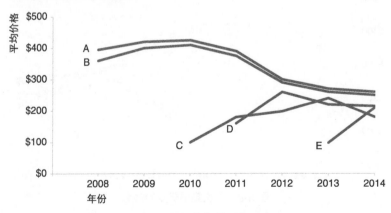

图 8-10　添加文字并对齐元素

讲好故事

最后，是时候考虑如何以图 8-10 为基础，按我们希望的方式引导受众体验整个故事了。

想象我们有 5 分钟的现场演示时间，演示的主题是："竞争形势——价格"。以下几幅图（图 8-11~图 8-19）展示了一个用数据讲故事的方法。

在接下来的5分钟里

我们的目标：

1 理解竞争形势下价格如何随时间变化

2 用这一知识为我们的产品定价

我们最终会提出**具体的建议**。

图　8-11

产品A和产品B在2008年上市，定价在360美元以上

零售价格随时间的变化

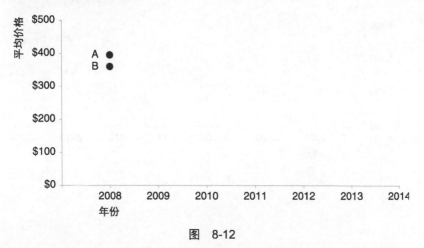

图　8-12

它们随时间变化的价格曲线很相似，产品 B 的价格一直比产品 A 略低

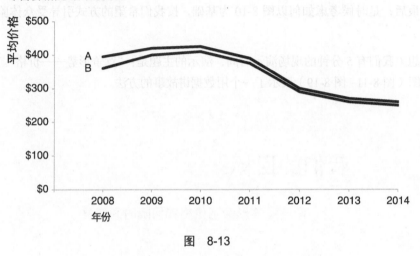

图 8-13

2014 年产品 A 和产品 B 的价格分别为 260 美元和 250 美元

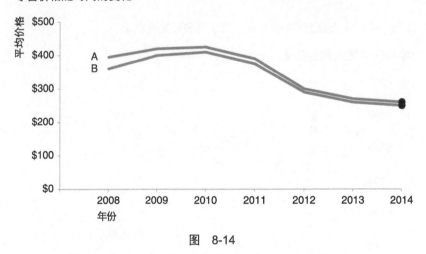

图 8-14

后续产品 C、D 和 E 均以相对较低的价格上市

零售价格随时间的变化

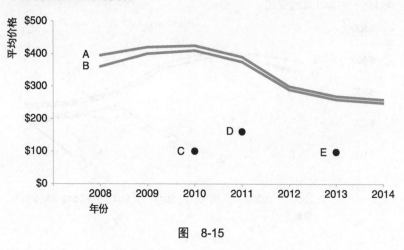

图　8-15

但它们在上市后价格都有所上升

零售价格随时间的变化

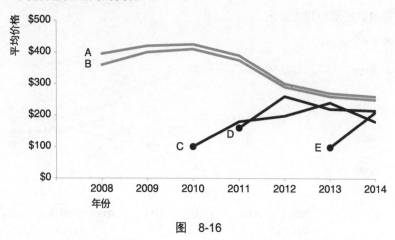

图　8-16

事实上，在该领域每推出一个新产品，其**价格最初会上升**，然后随时间
下降

零售价格随时间的变化

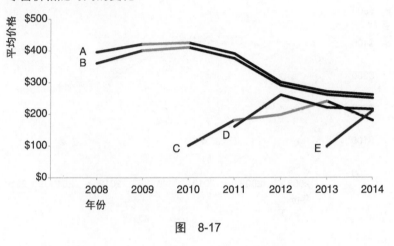

图　8-17

2014 年，所有产品的零售价格收敛到**均价 223 美元**，范围从最低的
180 美元（产品 **C**）到最高的 **260** 美元（产品 **A**）

零售价格随时间的变化

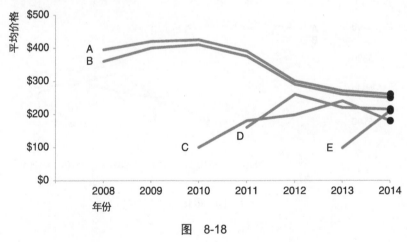

图　8-18

为保持竞争力，我们建议在223美元均价以下，150~200美元的价格区间内发布产品

零售价格随时间的变化

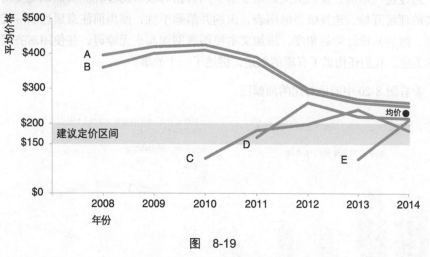

图 8-19

让我们回顾一下这个过程，从告诉受众即将遵循的结构开始。我能够想象，在转到下一页PPT之前，现场画外音做了进一步铺垫："众所周知，市场中会有五大产品是我们的主要竞争对手。"然后建立它们随时间的价格轨迹。我们可以在竞争形势下制造紧张氛围，即产品 C、D 和 E 在各自发布时都有明显的降价，然后可以用价格收敛来恢复平衡感。最终以清晰的呼吁行动结尾：针对我们的产品建议价格区间。

通过将受众的注意引导到故事的特定部分上（要么只显示相关的数据点，要么让其他内容融入背景，只强调相关的片段，并配以相应的叙述），我们已经带领受众经历了整个故事。

在这里，我们看了一个用单一图表讲故事的示例。当你的演示或沟通中有多幅图表时，你可以遵循同样的过程，或采用特定的策略。在这种情况下，想想将所有内容联系在一起的整体故事。大规模演示中针对某一图表的独立故事，正如我们这里看到的，可以看作庞大故事线中的子情节。

重点回顾

通过这一示例,我们从头到尾了解了用数据讲故事的过程。我们以建立对语境扎实的理解开始,选择恰当的图表,识别并消除干扰,使用前注意属性引导受众的注意,然后从设计师的角度,添加文本使图表阅读起来无障碍,并使用对齐提升图表的美感。我们还构思了有趣的叙述,讲述了一个故事。

看看图 8-20 中前后对比的两幅图。

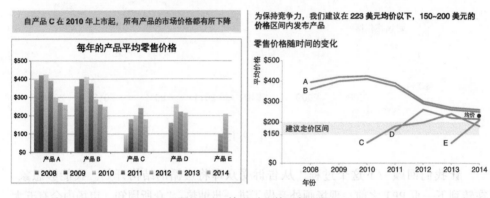

图 8-20　前后对比的两幅图

我们所学习并使用的知识帮助我们从单纯地展示数据进阶到用数据讲故事。

第 9 章

坏 PPT 大改造

此时，你应该觉得自己在有效利用数据沟通上打下了坚实的基础。在倒数第二章中，我们通过一些案例研究来探索解决常见数据沟通挑战的策略。

具体说来，我们会讨论以下几点：

- 深色背景上的颜色选择
- 在图表中使用动画效果
- 逻辑顺序
- 避免面条图
- 饼图的替代方案

在每一个案例研究中，我会应用之前讲过的知识分析如何有效地用数据沟通，但讨论主要集中在该案例的具体挑战上。

深色背景上的颜色选择

关于用数据沟通，我通常不建议使用白色之外的背景。让我们看看一张简单的图表在白色、蓝色和黑色背景上分别是什么样子，如图 9-1 所示。

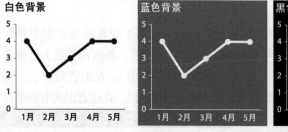

图 9-1　简单图表在白色、蓝色和黑色背景上的样子

如果必须用一个词形容图 9-1 中蓝色和黑色背景的图表，我会用"沉重"。在白色背景上，我很容易聚焦在数据上。而深色背景吸引了我的视线，让我忽视了数据。深色背景和浅色元素虽然会形成强烈的对比，但是难以阅读。因此，我通常避免使用深色和彩色的背景。

尽管如此，除了用数据沟通的理想场景之外，有时还有一些因素必须考虑，例如你的公司或者客户的品牌，以及相应的标准模板。这也是我在一个咨询项目中遇到过的挑战。

我没有立即意识到这一点。直到在客户的原图上修改完第一版，我才发现它和客户产品的观感不匹配。他们的模板非常前卫，映入眼帘的是斑驳的黑色背景上掺杂着明亮而高饱和度的颜色。相比之下，我的图表感觉很柔和。图 9-2 展示了我对图表的初步改造版本，它展示的是员工调查问卷的反馈。

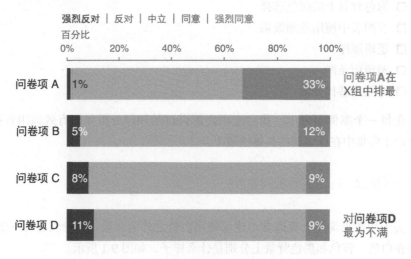

图 9-2　使用白色背景的初步改造版

为了与客户的品牌更相符，我做了修改版，使用了我在其他示例中看到的深黑色背景。在这样做时，我不得不改变我平时的思维过程。在白色背景上，颜色与白色相差越大，则越突出（灰色不太突出，而黑色非常突出）。在黑色背景上，这同样适用，但黑色成了基线（灰色不太突出，但白色非常突出）。我还意识到有些通常在白色背景上避免使用的颜色（例如黄色）在黑色背景上有着难以置信的吸引注意的效果

（我没有在此示例中使用黄色，但在其他示例中用了）。

图 9-3 展示了我的"与客户品牌更相符"的版本长什么样。

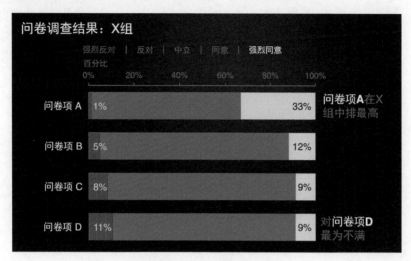

图 9-3　深色背景的重制版

尽管内容相同，但注意图 9-3 与图 9-2 相比有多么大的差异。这是一个很好的示例，说明了颜色能够影响图表的整体基调。

在图表中使用动画效果

用数据沟通中的一个常见难题是演示和报告要使用同样的数据图表。在现场展示内容时，你希望能够引导受众了解故事，只关注图表的相关部分。而作为预读、留档，或者给未能参加会议的人分发的版本需要能够脱离演讲者，独立引导受众。

我们经常使用完全相同的内容和图表满足这两种需求。这显然为现场演示渲染了太多细节（特别是投影在大屏幕上），而有时对于书面材料而言又不够详细。这就是所谓的投影文档，部分是演示，部分是文档，并不完全满足任何一者的需求，对此我们在第 1 章中已有提及。下面，我们将看一看如何用动画效果和带注释的折线图来满足演示和分发的需求。

假设你为一家游戏公司工作，打算讲述某款游戏的活跃用户如何随时间而增长。

你可以用图 9-4 来谈谈自游戏推出以来活跃用户的增长情况。

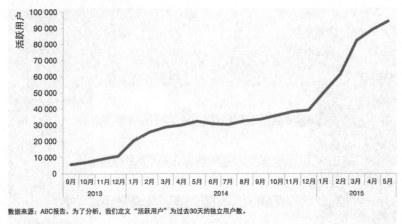

活跃用户随时间的变化

数据来源：ABC报告。为了分析，我们定义"活跃用户"为过去30天的独立用户数。

图 9-4　原图

这里的挑战在于，当你将这么多数据摆在受众面前时，他们就不看你了。也许你在谈论数据的某一部分，而他们却关注完全不同的地方。也许你希望按时间顺序讲故事，但他们目光早转到了后面的急剧增长阶段，并好奇背后的原因。

或许，在讲述故事的对应部分时，你可以用动画效果来引导受众。例如，我可以以空白的图表开始。这迫使受众和你一起研究图表的细节，而非直接跳到数据并尝试解读。你可以使用这一方法勾起受众的期待，这有助于你时刻抓住他们的注意。接下来，我只展示或者突出与我所陈述的观点相关的数据，迫使受众将注意放在我所希望的地方。

我可能会按以下的过程讲解（展示）：

今天，我将介绍一个成功的游戏运营故事：游戏活跃用户如何随时间而增长。首先，让我们初步了解这幅图表。我们将用图表中的竖直 y 轴表示活跃用户数，这是以过去 30 天的独立用户数来定义的。我们会看一看从 2013 年年底游戏发布至今，用户数随时间的变化，沿水平 x 轴显示（图 9-5）。

活跃用户随时间的变化

数据来源：ABC报告。为了分析，我们定义"活跃用户"为过去30天的独立用户数。

图　9-5

　　2013 年 9 月游戏上线。到第一个月底，我们只有 5000 多名活跃用户，用左下方的蓝点表示（图9-6）。

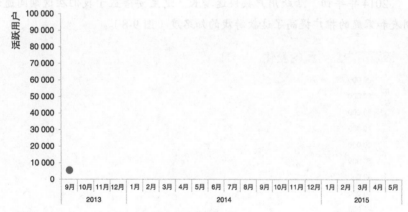

活跃用户随时间的变化

数据来源：ABC报告。为了分析，我们定义"活跃用户"为过去30天的独立用户数。

图　9-6

游戏的早期反馈很杂乱。尽管如此（我们几乎完全没有营销），活跃用户数在最初的 4 个月中几乎翻一番，在 12 月底达到了近 11 000 人（图 9-7）。

活跃用户随时间的变化

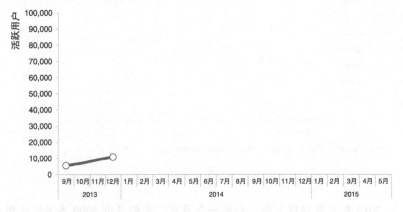

数据来源：ABC报告。为了分析，我们定义"活跃用户"为过去30天的独立用户数。

图 9-7

2014 年年初，活跃用户数快速增长。这主要得益于我们在这期间通过朋友和家庭的推广提高了这款游戏的知名度（图 9-8）。

活跃用户随时间的变化

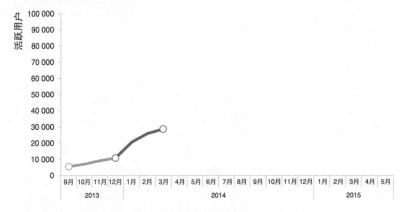

数据来源：ABC报告。为了分析，我们定义"活跃用户"为过去30天的独立用户数。

图 9-8

　　之后的 2014 年期间，活跃用户增长比较平缓，因为我们暂停了所有营销投入，集中在游戏的质量提升上（图 9-9）。

活跃用户随时间的变化

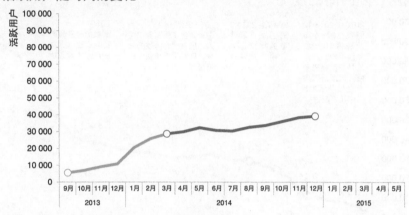

数据来源：ABC报告。为了分析，我们定义"活跃用户"为过去30天的独立用户数。

图　9-9

　　今年的增长难以置信，超出了我们的预期。改进后的游戏像病毒一样传播。我们通过社交媒体建立的合作成功地继续扩大了活跃用户群。按最近的增长率，我们预计活跃用户将在 6 月份超过 10 万人（图 9-10）。

活跃用户随时间的变化

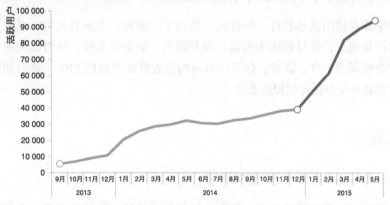

数据来源：ABC报告。为了分析，我们定义"活跃用户"为过去30天的独立用户数。

图　9-10

如需制作更详细的版本，或者为那些错过本次（精彩）演示的人提供报告，你可以直接在折线图上对故事中的关键点添加注释，如图 9-11 所示。

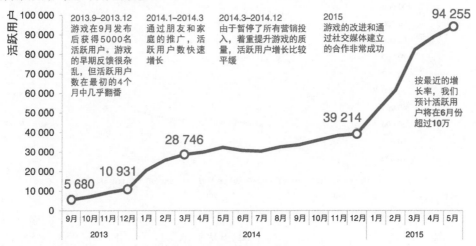

活跃用户随时间的变化

图 9-11

这就是绘制图表（在该例中，是一系列图表）的一种策略，能够同时满足现场演示和书面版本的需求。注意，在用这种方法时，你必须熟知你的故事，能够完全脱离图表进行叙述（其实无论何时你都应该追求这一点）。

如果你在使用演示软件，可以在一张 PPT 上放置以上所有内容，并在现场演示时使用动画效果，让每幅图表按需出现和消失。如果这么做，你可以为演示和分发使用完全相同的 PPT。或者，你可以将每幅图表放在单独的 PPT 上进行切换，此时你就只需要分发带注释的最终版本。

逻辑顺序

展示信息应该按照一定的逻辑顺序。

上述结论或许不用说出来。然而，与很多读起来、听起来或者大声说起来合乎逻辑的事情一样，我们往往没有将其付诸实践。这里就有一个例子。

尽管上述开场白是普遍适用的，但是我会用一个具体的示例来说明这一概念：在水平条形图中为分类数据排序。

首先，让我们介绍背景。假设你为一家公司工作，该公司销售一种多功能的产品。你最近对用户进行了问卷调查，了解他们是否使用了各项功能以及对这些功能的满意度，希望能够用上这些数据。你最初绘制的图表可能如图 9-12 所示。

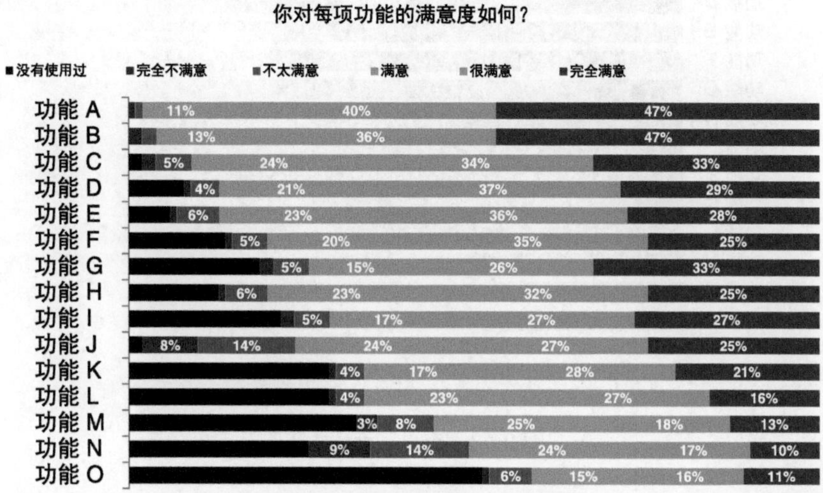

你对每项功能的满意度如何？

	■ 没有使用过	■ 完全不满意	■ 不太满意	■ 满意	■ 很满意	■ 完全满意

功能	没有使用过	完全不满意	不太满意	满意	很满意	完全满意
功能 A			11%	40%		47%
功能 B			13%	36%		47%
功能 C		5%	24%	34%		33%
功能 D		4%	21%	37%		29%
功能 E		6%	23%	36%		28%
功能 F		5%	20%	35%		25%
功能 G		5%	15%	26%		33%
功能 H		6%	23%	32%		25%
功能 I		5%	17%	27%		27%
功能 J	8%	14%	24%	27%		25%
功能 K		4%	17%	28%		21%
功能 L		4%	23%	27%		16%
功能 M	3%	8%	25%	18%		13%
功能 N		9%	14%	24%	17%	10%
功能 O		6%	15%	16%		11%

图 9-12　用户满意度，原图

这是一个真实示例，图 9-12 展示的也是实际为此绘制的图表，唯一不同的是我用功能 A、功能 B 等替代了原本的名称描述。这里有顺序——如果我们盯着数据看一会儿，会发现这是按"很满意"和"完全满意"（图表右侧青色和深青色的部分）的降序排列的。这或许也在暗示我们应该关注这一点。但从颜色的角度，我的视线首先被吸引到黑色的"没有使用过"的部分。如果我们停下来思考数据表达的内容，或许"不满意"区域才是值得关注的。

这里的问题在于故事本身，"结论"缺失。我们可以讲述一系列不同的故事，关注数据中不同的部分。让我们看看这样做的一系列方法，留心其中对顺序的运用。

首先，我们可以考虑突出正面的故事：用户最满意的地方。如图 9-13 所示。

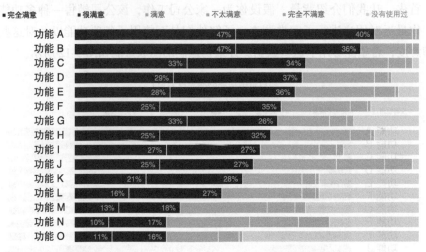

图 9-13 突出正面的故事

在图 9-13 中,我将数据按"完全满意"和"很满意"降序排列,形成清楚的顺序,与原图相同。但是我通过其他视觉提示强化这一点(即通过颜色以及将一些片段放置在图表中最开始的位置,这样当受众从左往右扫过图表时,会首先注意到这些)。我还用文字帮助解释为什么你的注意会被吸引,顶部的标题点出了你应该在图表中看到的内容。

我们可以利用同样的策略,包括顺序、颜色、位置以及文字来突出数据当中的另一个故事:用户最不满意的地方。参见图 9-14。

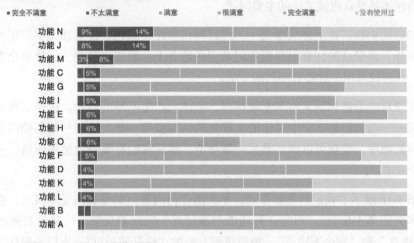

基于问卷的问题："你对这每一项功能的满意度如何？"
需要更多的细节将数据融入上下文：多少用户完成了问卷？这代表了多大比例的用户？他们与整体用户群分布是否一致？问卷调查是
什么时候做的？

图 9-14　突出不满意的部分

这里真正值得关注的地方也许在于未被使用的功能，可以如图 9-15 突出显示。

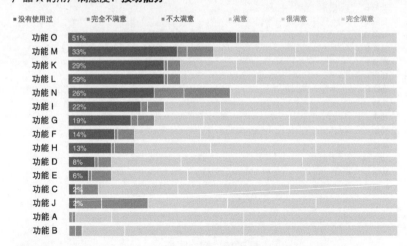

基于问卷的问题："你对这每一项功能的满意度如何？"
需要更多的细节将数据融入上下文：多少用户完成了问卷？这代表了多大比例的用户？他们与整体用户群分布是否一致？问卷调查是什么
时候做的？

图 9-15　关注未被使用的功能

注意在图 9-15 中，你仍然能够了解每条数据中的满意（或不满意）程度，但由于我所选用的颜色，这些信息被归入比较的第二梯队，而"没有使用过"这一段的相对顺序才是受众应该关注的主要问题。

如果我们想讲述上述故事之一，可以利用顺序、颜色、位置和文字，正如我展示的那样，将受众的注意引导到我们希望的地方上。而如果要把 3 个故事全部展示出来，我建议采用一种略有不同的方法。

在受众熟悉数据后又将其重新排列，会让人产生不好的体验。这样就像收取了心理税——与我们第 3 章中讨论的应避免的认知负荷一样。绘制一幅基础图表，保留同样的顺序，受众可以据此熟悉一遍细节，然后我们有策略地使用颜色，一次突出一个故事。

图 9-16 展示了我们的基础图表，不突出任何内容。如果我向受众演示，会用这个版本介绍基本信息："对每一种功能的满意度"的问卷反馈——从最右侧正面的"完全满意"到"完全不满意"，最后再到左侧的"没有使用过"（人们一般认为正面向右、负面向左）。然后我会停下来讲述每一段故事。

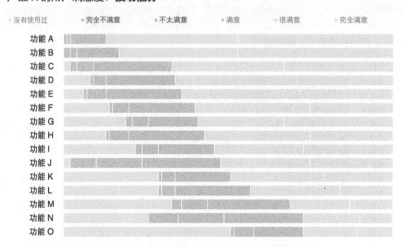

图 9-16 初始图表

首先是一幅与上个系列最开始的图表相似的版本，突出了用户最满意的地方。在这个版本中，我使用不同深浅的蓝色，不仅强调了满意用户的比例，还突出了其中满意度最高的功能 A 和功能 B，从视觉上将这些数据条联系到印证我观点的文字上。参见图 9-17。

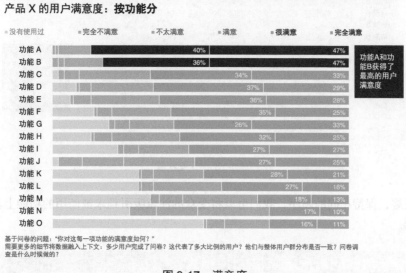

图 9-17　满意度

这之后是满意度频谱的另一端，聚焦在用户最不满意的地方，也突出了具体的兴趣点。参见图 9-18。

注意，比较图 9-18 中的高亮部分并没有按倒序排列时那么容易（图 9-14），因为它们没有按共同的基线对齐到左侧或右侧。我们仍然能够较快地看到不满意的主要区域（功能 J 和功能 N），因为它们比其他类别的面积更大，而且用颜色进行了强调。我同样用一个标注框通过文字来突出这一点。

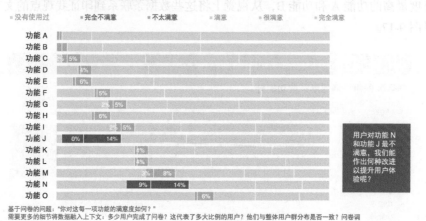

图 9-18　不满意度

最终，保持相同的顺序，我们可以将受众的注意吸引到未被使用的功能上。参见图 9-19。

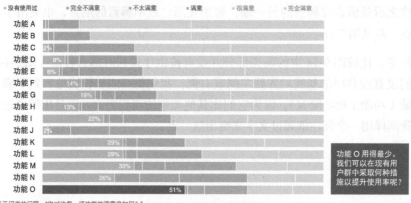

图 9-19　未使用的功能

在图 9-19 中，我们很容易看出排列的顺序（尽管类别之间没有从上往下按照单调递增的顺序），因为类别以图表左侧一致的基线进行对齐。这里，我们希望受众主要关注图表底部的功能——功能 O。因为我们尝试保留已有的顺序，无法将它放在图表顶部（受众会首先看到），所以用深色和标注框将注意吸引到图表的底部。

图 9-17 ～ 图 9-19 展示了我会在现场演示中遵循的过程。谨慎而有策略的颜色使用让我每次将受众的注意吸引到一个数据元素上。如果你正在撰写一份直接共享给受众的书面文档，或许会将这些图表压缩成一幅单独的综合图表，如图 9-20 所示。

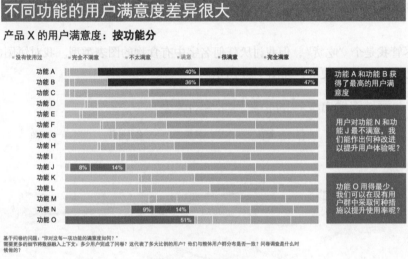

图 9-20　综合图表

当我阅读图 9-20 时，我的视线会在页面上画一系列"之"字形。首先，我看到图表标题中加粗的"功能"二字。然后，我被深蓝色的条形图吸引——跟着看到深蓝色的文本框告诉我所看的内容有些什么有趣的结论（你会注意到，这里的文字主要是描述性的，因为示例需要保密，理想情况下这里应该提供更深刻的结论）。接下来，我看到橙色的文本框，读完瞥回左侧图中支持它的依据。最终，我看到底部强调的青色条形图，并跳过去看描述它的文字。有策略地使用颜色可以将图表中每个部分隔开，同时清楚地表明受众应该去哪个区域为文字描述寻找具体的依据。

注意，图 9-20 很难让受众根据数据得出其他结论，因为他们的注意被吸引到了我希望突出的特定要点上。但正如我们反复讨论的，一旦你有沟通的需求，就总该有希望突出的故事或要点，而不应让受众自行得出结论。图 9-20 对于现场演示而言太密集了，但对分发的文档而言效果很好。

我之前提到过，但还想再强调一下，有些情况下你想要展示的数据有内在的顺序（有序的类别）。例如，如果类别是年龄段而非功能（0~9、10~19、20~29 等），你应该保留这些类别的数字顺序，这在受众解读数据时为他们提供了重要的结构。然后你可以用其他方法吸引注意（颜色、位置和文本标注框），引导受众关注这些地方。

底线是：你展示数据的顺序应该有逻辑。

避免面条图

尽管我是个"吃货"，但我讨厌任何名字中有食物的图表类型。我对饼图的厌恶由来已久，"面条"更甚，如图 9-21 所示。

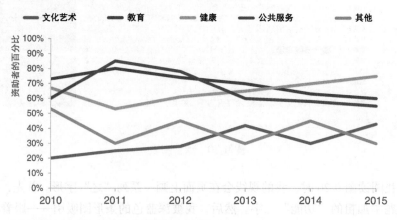

图 9-21　面条图

图 9-21 就被称作面条图，因为它们看起来像挂面洒了一地。它们的信息量也清汤寡水……

也就是说……

半点也没有。

请注意，因为这些交叉的存在，很多内容在争夺观众的注意，所以人们很难将注意集中在单独一根线条上。

有一些策略可以用于修改面条图，提取数据中更多的内容。我会介绍 3 种策略，并以一些不同的方式应用到图 9-21 中的数据上，展示指定区域的资助者支持的非营利性活动类型。首先，我们会看一种你现在已经熟悉的方法：用前注意属性一次强调一根线条。在这之后，我们会看一些从空间上分隔这些线条的图表。最终，我们会看一下结合使用这两种策略的方法。

一次只强调一条线

避免面条图产生视觉压迫的方法之一，是用前注意属性将受众的注意每次引导到一根线条上，如图 9-22 所示。

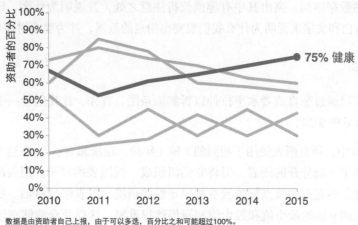

图 9-22　强调一根线条

或者我们可以用同样的策略强调教育相关活动的资助者百分比有所下降，如图 9-23 所示。

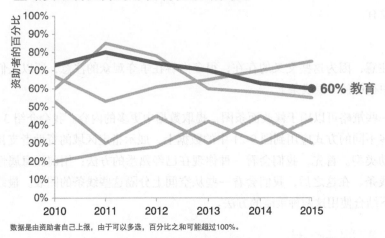

图 9-23　强调另一根线条

在图 9-22 和图 9-23 中，颜色、线条粗细和添加的标记（数据标记和数据标签）作为视觉提示，将受众的注意吸引到我们希望的地方。这一策略在现场演示中表现不错，你可以解释一次图表中的细节（如前面的案例研究一样），然后按这种方式依次看不同的数据序列，突出其中有趣或值得注意之处，并说明为什么。请注意，我们需要用旁白和文字来说明为什么我们要突出指定的数据，并为受众讲述故事。

空间分隔

我们可以通过竖直或者水平拉伸以拆解面条图。首先，让我们看一个竖直拉伸的版本，参见图 9-24。

图 9-24 中，所有图表使用了相同的 x 轴（年份，在顶部显示）。在这个解决方案中，我绘制了 5 幅分开的图表，但将它们组织成一幅图表的样子。图表的 y 轴没有显示，而线条的起点和终点标签旨在提供足够的语境，以省略坐标轴。尽管没有显示，但每幅图 y 轴的最小值和最大值相同仍然很重要，这样受众能够在给定空间中比较线条和点的相对位置。

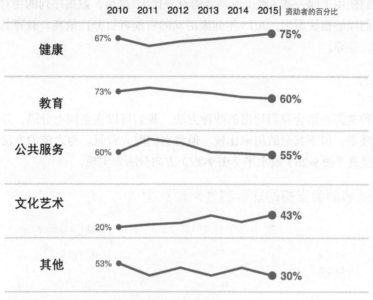

图 9-24　竖直拉伸

这一方法假设看到给定类别（健康、教育等）的趋势比比较不同类别之间的值更重要。如果这不成立，我们可以考虑水平拉伸数据，如图 9-25 所示。

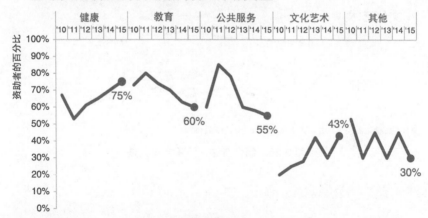

图 9-25　水平拉伸

在图 9-24 中，我们为 5 种类别使用了同一条 x 轴（年份），而在图 9-25 中，我们则为它们使用了同一条 y 轴（资助者的百分比）。这里，数据序列的相对高度更易比较。我们能够很快看出，2015 年健康活动的资助者百分比最高，教育其次，公共服务更低，等等。

混合方法

另一种选择是结合我们列出的两种方法。我们可以在空间上分隔，并且一次只强调一根线条，留下其余的用来比较，但将它们融入背景。与之前的方法一样，我们可以从竖直（图 9-26）或水平（图 9-27）方向分隔来实现。

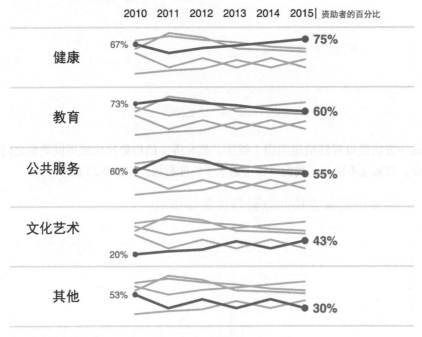

图 9-26 组合方法，竖直方向分隔

区域资助者支持的非营利性活动类型

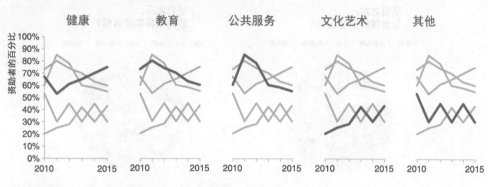

数据是由资助者自己上报，由于可以多选，百分比之和可能超过100%。

图 9-27　组合方法，水平方向分隔

如图 9-27，很多小图在一起被称为"多组小图"。如前所述，每幅图表的细节（x 轴和 y 轴的最小值和最大值）必须相同，这样受众能够快速地比较各幅图中突出的数据。

如果全部数据集的语境都很重要，但你希望能够一次只关注一根线条，图 9-26 和图 9-27 中显示的方法很适用。因为信息密集，所以比起现场演示，这种组合方法更适用于报告或分发的演示文稿，即更难以引导受众的时候。

通常情况下，并没有唯一正确的答案。最适合的解决方案往往视情况而变化。核心结论是：如果你面对的是面条图，不要驻足不前。想想你最希望传达的信息，想要讲述的故事，以及怎样修改图表能够帮助你有效地实现这些目标。请注意，在有些情况下，这或许意味着展示更少的数据。扪心自问：我需要所有的类别吗？需要所有的年份吗？在适当的情况下，减少展示的数据量能够减少与示例类似的绘图挑战。

饼图的替代方案

请回忆我们在第 1 章中讨论的暑期科学项目的场景。我们先回忆一下：你刚刚完成了一个暑期科学试点项目，旨在增强小学二三年级学生对科学的好感。在项目前后，你进行了问卷调查，希望在未来申请资金支持时，使用数据作为项目成功的证据。图 9-28 展示的是用数据绘制图表的初次尝试。

问卷调查结果：暑期科学试点项目

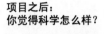

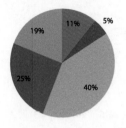
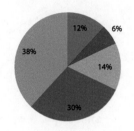

图 9-28 原图

　　调查数据表明，在提升对科学的好感这一点上，试点项目取得了巨大成功。在项目中，学生中占比最大的一部分（40%，图 9-28 左侧的绿色部分）认为科学"一般"，或许他们还没断定究竟是好是坏。然而在项目之后（图 9-28 右侧），我们看到绿色区域的 40% 下降到了 14%。"无聊"（蓝色）和"不怎么样"（红色）区域各有一个百分点的增长，但最主要的变化方向是积极的。项目结束后，近 70% 的孩子（紫色区域加上青色区域）对科学表示了一定程度的兴趣。

　　图 9-28 给这个故事帮了倒忙。我不太喜欢饼图，所以希望这个断言不会显得很突兀。当然，你可以从图 9-28 中找出这个故事，但你不得不为此而努力，不厌其烦地去比较两个饼图中对应的部分。正如我们所讨论的，我们显然希望限制或者消除受众为获取信息所需做的工作，而不是令他们厌烦。我们可以选用另一种图表来避免这些问题。

　　让我们看看展示这些数据的 4 种备选方案，包括直接展示数字、简单条形图、水平堆叠条形图和坡度图，然后针对每一种讨论相关注意事项。

直接展示数字

　　如果正面情绪的提升是我们希望传达给受众的主要信息，就可以考虑让它成为沟通的唯一内容，参见图 9-29。

试点项目取得成功

在试点项目之后，

68%

的孩子对科学表现出兴趣，
项目之前该数值为44%。

根据100名学生在项目前后的问卷调查（两份调查的回答率都是100%）。

图 9-29 直接展示数字

太多时候，我们认为需要包含所有的数据，忽视了直接用一两个数字进行沟通的简洁和强大，如图 9-29 所示。当然，如果你感觉需要展示更多，看看下面的选项。

简单条形图

当你想要比较两样东西时，一般应该尽可能让两者靠近，按共同的基线对齐，以使比较变得容易。简单条形图就做到了这一点，将项目前后的调查结果按图表底部的一致基线进行对齐，参见图 9-30。

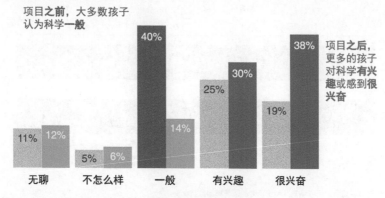

试点项目取得成功

你觉得科学怎么样？

项目**之前**，大多数孩子
认为科学**一般**

项目**之后**，
更多的孩子
对科学**有兴趣**或感到**很兴奋**

无聊	不怎么样	一般	有兴趣	很兴奋
11% 12%	5% 6%	40% 14%	25% 30%	19% 38%

根据100名学生在项目前后的问卷调查（两份调查的回答率都是100%）。

图 9-30 简单条形图

在这个具体示例中，我个人偏爱这一幅图表，因为布局使其能够将文本框放在所描述数据点的旁边（注意图表中的其他数据是用作语境的，用浅色略微融入背景）。同时，以项目前后作为主要的分类，我能够将图表限制在两种颜色内——灰色和蓝色，而下面的方案则需使用了 3 种颜色。

100% 水平堆叠条形图

当部分到整体的概念很重要时（无法从前两个方案中归纳出来），100% 水平堆叠条形图能够实现这一点。请看图 9-31，在图表的左侧和右侧都有可用于比较的一致的基线。这使受众能够很容易地比较两个数据条中左侧的负面部分和右侧的正面部分，因此它一般是可视化调查数据的实用方法之一。

在图 9-31 中，我选择保留 x 轴标签，而不是直接在数据条上放置数据标签。我倾向于在 100% 堆叠条形图中这样做，这样你可以用顶部的刻度从左向右或者从右向左阅读。在这种情况下，它使得我们能够将项目前后的变化归于"无聊"和"不怎么样"，或者"有兴趣"和"很兴奋"。在前面展示的简单条形图（图 9-30）中，我选择直接省略坐标轴和标签。这说明了看数据的不同视角会导致不同的设计选择。永远记得考虑你希望受众如何使用图表，并依此做出设计选择：不同的选择会在不同的场景下发挥作用。

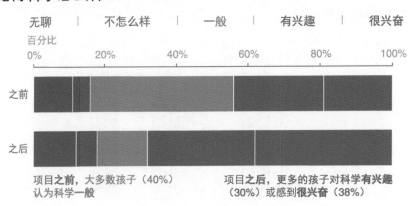

图 9-31　100% 水平堆叠条形图

坡度图

　　我展示的最后一个方案是坡度图。与简单条形图一样，你无法清楚地从坡度图中认识到整体和部分的关系（像初始的饼图和100%水平堆叠条形图那样）。同时，如果按特定顺序排列类别很重要，坡度图也不是理想的选择，因为各种类别会根据数值进行排列。在图9-32的右侧，你能够理解顶部刻度代表正面的一端，但注意底部的"无聊"和"不怎么样"按相应的数值进行了调整。如果你需要指定类别的顺序，可以使用简单条形图或100%水平堆叠条形图。

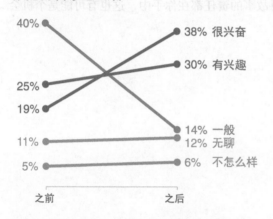

试点项目取得成功

你觉得科学怎么样？

项目**之前**，大多数孩子认为科学一般

项目**之后**，更多的孩子对科学有兴趣或感到**很兴奋**

40%　　　　　　　　　38% 很兴奋

　　　　　　　　　　30% 有兴趣

25%

19%　　　　　　　　　14% 一般
11%　　　　　　　　　12% 无聊

5%　　　　　　　　　6%　不怎么样

之前　　　　　　　之后

根据100名学生在项目前后的问卷调查（两份调查的回答率都是100%）。

图 9-32　坡度图

　　使用图9-32中的坡度图，你很容易通过线条的坡度看到项目前后每个类别的百分比在视觉上的变化。你容易看出增长最多的类别是"很兴奋"（坡度最陡），而明显下降的类别则是"一般"。坡度图还清楚地提供了类别从大到小的顺序（通过它们在图表左右两侧从上向下的各数据点）。

　　我们应根据特定情况，考虑希望受众如何与信息交互，以及希望强调哪些要点，这当中的任何方案都可能是最优选择。这里最重要的结论是，有很多饼图的替代形式可选，它们能够更有效地传达你的观点。

重点回顾

　　在本章中，我们讨论了当用图表进行沟通时，解决常见挑战的注意事项和方案。你不可避免地会遇到我未曾提及的数据可视化挑战。能从解决这些问题的批判性思维中学到的，与从"答案"中学到的一样多。正如我们所讨论的，对于数据可视化，几乎没有唯一正确的路线和解决方案。

　　当你发现不知道如何继续时，我通常会建议：停下来想一想受众。你需要他们了解什么或者做什么？你准备讲什么故事？通常，通过回答这些问题，展示数据的"平坦大道"会自然出现，清晰明了。如果没有，尝试不同的视角并寻求反馈。

　　我对你提出的问题是，将学到的知识以及你的批判性思维能力应用到各种各样的数据可视化挑战中。用数据讲故事的责任都在你手中，这也有可能是个机会 。

第 10 章

个人精进和团队提升

数据可视化和一般意义上的用数据沟通是科学和艺术的结合体。这当中肯定有科学的成分：正如本书所讨论的，值得遵循的路线和最佳实践；但同时也有艺术的元素。这也正是该领域如此有趣的原因之一。它具有内在的多样化，不同的人会用不同的方式、不同的方案解决同一个数据可视化挑战。我们也讨论过，并没有唯一的"正确"答案。相反，有效的数据沟通往往存在多条潜在的路径。应用本书中讲授的知识铺路，用艺术的方式让受众更轻松地理解信息。

对于有效的数据沟通，你已经从本书中学到了很多，能够借此取得成功。在最后一章中，我们会讨论一些关于更进一步的建议，以及在团队中培养相关能力的策略。最后，我们会回顾本书所学，让你去一展身手。

下一步该做什么

对于有效的数据沟通，阅读相关内容是一回事，将所学的知识融入实际应用是另外一回事。捷径便是熟能生巧：练习、练习、再练习。在工作中寻找机会使用所学的知识。请注意这并非不全则无——对已有或正在进行的工作的增量改进是取得进展的方法之一。你还要考虑何时能够用上本书讲述的整个数据沟通过程。

现在我想大改整个月度报告！

你 很可能会看到与你绘制的截然不同的图表。反思可视化数据的方法是非常重要的，但千万别让野心勃勃的目标阻碍了进程。在让图表焕然一新的过程中，考虑如何进行渐近的改进。例如，如果你考虑大改定期报告，过渡步骤之一可能是以报告作为附录开始。将数据留作参考，但放在后面以避免干扰主要信息。利用我们所学的知识，在前面插入一些 PPT 或者封面以引出有趣的故事，这样你可以更容易地让受众聚焦在重要的故事和行为上。

对于下一步的详细步骤，我会给出最后 5 条提示：熟练使用工具，迭代并寻求反馈，投入充足的时间，从好作品中获得启发，以及寻找自己的风格。让我们分别对每一条进行讨论。

熟练使用工具

在大多数情况下，我有意避免讨论工具，因为我们涉及的内容是基础性的，可以在不同程度上应用于任何工具（例如 Excel 或者 Tableau）。对于有效的数据沟通，应尽量避免让工具成为限制因素。选择一种工具，尽可能地了解它。刚开始时，一节入门课程可能会有所帮助。但以我的经验，学习工具的最好方法就是使用它。当你不知道如何做一件事时，不要放弃。继续尝试并用搜索引擎搜索解决方案。当你能随心所欲地使用工具时，你遇到过的所有挫折都是值得的。

你不需要任何花哨的工具来做好数据可视化。本书中的示例都是用微软的 Excel 绘制的，这是商业分析中普遍使用的工具。

尽管我主要使用 Excel 进行数据可视化，但这并不是你唯一的选择。市面上有太多工具，以下是常见工具的简要比较。

- Tableau 是一个流行的开箱即用的数据可视化解决方案，适用于探索性分析，使你能够快速地用数据创建多幅美观的图表。它的"故事点"功能使其也可用于解释性分析。它很昂贵，但如果能将你的数据上传到公共服务器，就可以使用免费的公共版本。
- 编程语言，如 R、D3（JavaScript）、Processing 和 Python。它们的学习难度更大，但也有更大的灵活性，因为你能够自行控制图表中具体的元素，也可以保留这些配置供重复使用。

- 一些人会使用 Adobe Illustrator。它可以单独使用，也可以与用 Excel 等应用程序绘制的图表一起使用，又或者结合编程语言使用。它支持图表元素的简单操作，看上去更专业。

我如何使用 PPT

对我而言，PPT 是一种可以用于整理讲义或者演示的工具。我几乎每次都从完全空白的 PPT 开始，避免使用内置的项目符号，否则太容易将演示变成报幕。

你可以在 PPT 里直接绘制图表，但我一般不会这么做。Excel 有更大的灵活性（除了图表，你还可以将一些视觉元素直接放在单元格里，例如标题或者坐标轴标签，这有时很有用）。因此，我在 Excel 中绘图，然后保存为图片并复制粘贴到 PPT 里。如果要同时使用图表和文字，例如为将注意吸引到特定要点，我通常会在 PPT 中使用文本框。

PPT 的动画效果对于在同一幅图中迭代式地推进一个故事很有用，如第 8 章和第 9 章中的某些案例所示。当在 PPT 中使用动画效果时，只使用简单的出现或消失（有时也可以用透明），避免使用任何可能导致元素飞入或者淡出的动画效果，因为这近似于将展示软件等价为 3D 图表，既没有必要又令人分心。

　　另外还有一种数据可视化的必备基础工具，我并没有在前面的列表中提及，那就是白纸——这也就引出了下一条建议。

迭代并寻求反馈

　　我已经按照线性顺序展示了用数据讲故事的过程。然而现实情况并不总是如此。相反，我们需要迭代地将早期的想法转化为最终的解决方案。当可视化某些数据的最优方案不明朗时，从一张白纸开始，这样你就能够在没有工具限制的情况下进行头脑风暴。绘制潜在图表的草图，并排进行比较，决定哪一种最适合用于将信息传达给受众。我发现相对于用计算机而言，用白纸工作时，我们对工作成果的依恋更少，这使得迭代更容易。在白纸上绘图还有更大的自由度，在你卡壳时也更容易发现新的办法。一旦你画出了基本方法的草图，就可以考虑手头有什么东西可以用来绘制图表，比如工具、内部和外部的专家。

当用绘图应用（例如 Excel）绘图并修改以精益求精时，你可以使用我称为"验光师方法"的策略。绘制一个版本的图表（称为 A），然后复制一份（B），做出一处调整。然后决定哪一个看起来更好——A 还是 B。通常，并排观察有细微差异的图表能够很快确定哪一幅更好。用这种方法不断推进，保留最新一次的"最好"图表，然后继续在副本上进行细微的修改（这样你一直都可以回到原先的版本上，防止误操作带来的影响），最终迭代出理想的图表。

任何时候，如果没有探明最优的路线，那就寻求反馈。来自朋友或者同事的建议是无价的。向别人展示图表，让他们讲解思维过程：他们关注什么，得出什么结论，有什么问题，以及有什么好的建议。这些见解能够让你了解绘制的图表是否切题，如果偏题了，也能够告诉你哪里需要修改，哪里是后续迭代的重点。

迭代能否成功，或许最关键的是时间。

投入充足的时间

想要成功地用数据讲故事，我最大的建议就是投入充足的时间。如果我们不能清醒地意识到做好这件事需要花费时间及相应的预算，我们的时间可能会完全被分析过程的其他部分挤占。想想通常的分析过程：以一个问题或假设开始，收集并筛选数据，然后分析数据。在这之后，你可能不由自主地把数据丢到一幅图表里，以为就算完成了。

但这样显然对我们自己（和数据）不公平。我们的绘图应用的默认设置离完美还很遥远。工具并不了解我们想要讲述的故事。如果没有在分析过程的最后一环（沟通环节）投入足够的时间，简单地将两者结合起来有可能会丢失相当多的潜在价值（包括驱动行为和有效改变的机会）。这是整个流程中受众能够看到的唯一环节。请在这个重要的环节投入时间，并预期它比想象中更耗时，以确保有足够的时间迭代和完善。

从好作品中获得启发

模仿是最好的赞美。如果你看到喜欢的数据可视化图表或者用数据讲故事的范例，想想如何能够吸收其中的方法以自用。停下来思考它的优点，复制一份，建立一个图表库，以后随时添加，并参考以寻求灵感。模仿你看到的优秀范例和方法。

　　说得更直白一些，模仿是件好事。这就是为什么你会看到人们在艺术博物馆里搭起素描板和画架——他们在解读伟大的作品。我的丈夫告诉我，当他在学习音乐时，会反复聆听大师的演奏，有时甚至慢速播放单个小节，这样他可以跟着练习，直到能够完美地演奏出来。以伟大的作品为原型进行学习，对数据可视化也同样适用。

寻找自己的风格

　　当大多数人考虑数据时，他们脑海中最不可能想到的一件事就是创新。但对于数据可视化，创新至关重要。数据可以有令人屏息的美丽。不要害怕尝试新的方法，抱一点儿玩耍的心态。随着时间的推移，你还是会学到什么有用，什么没有用。

　　你也许还会发现自己有了个人的数据可视化风格。例如，我的丈夫说他能够认出我绘制或者参与绘制的图表。除非客户的品牌需要，否则我倾向于用灰色阴影和少许蓝色这样保守的风格绘制所有的图表，几乎永远都用古老的 Arial 字体（我喜欢这个字体）。这并不代表你必须模仿这些规范才能获得成功。我能回忆起一个特别糟糕的示例，其中用了灰白渐变的图表背景和太多的橙色阴影。我自己也走过很多弯路！

　　在某种程度上，考虑手头的任务是合理的，但也不要害怕发展自己的个人风格和创意。公司品牌也会在数据可视化风格中扮演一定的角色，考虑你的公司品牌，看看是否有机会使其融入图表绘制和数据沟通。要确保你的方法和风格元素让受众解读信息变得更容易，而不是更难。

　　既然我们已经看了一些具体的建议，让我们转向如何培养其他人的用数据讲故事的能力。

协助团队培养用数据讲故事的能力

　　我坚信任何人都可以通过学习和应用所学的知识提升用数据沟通的能力。不过，有些人在这个领域有更多的兴趣和天分。对于在团队或组织中有效地用数据沟通，以下是一些可以使用的策略：提升每个人的技能，培养一两个内部专家，或者外包这部分流程。让我们简单地讨论一下每一种策略。

提升每个人的技能

正如我们所讨论的，一部分挑战在于数据可视化只是整个分析过程中的一个步骤。被聘担任分析师角色的人通常有量化分析的背景，能够胜任分析的其他步骤（寻找数据、组合数据、分析数据、建立模型），但并不一定受过任何正式的设计方面的训练，以帮助他们与人沟通分析结果。此外，越来越多没有分析背景的人被要求用数据进行沟通。

对于这两个群体，找机会向他们传授相关的基础知识可以实现共赢。组织培训或者用本书中所学的知识为其提供学习动力。关于后一点，以下是一些具体的想法。

- ☐ **书友会**：每次阅读一章并一起讨论，找出相关知识在你的工作中能够适用的示例。
- ☐ **研讨会**：在读完这本书之后，组织内部的研讨会——从团队中征集用数据沟通的示例，讨论如何对它们进行改进。
- ☐ **周一大改造**：给每个人提出挑战，让他们在一周内用所学知识改造不太完美的作品。
- ☐ **反馈环**：让大家有这样的预期，每个人需要分享手头的工作，基于用数据讲故事的课程相互提供反馈。
- ☐ **冠军作品**：举办月度或者季度的比赛，鼓励个人或者团队提交作品，然后举行一个获奖作品展。

培养一两个内部专家

另一种方法是找出团队或组织中对数据可视化感兴趣的一个或几个人（如果他们表现出了一定的天分就更好了），培养他们成为内部专家。培养他们成为内部的数据可视化咨询师，团队的其他人可以找他们进行头脑风暴或者寻求反馈，以及解决工具相关的问题。培养的形式包括图书、工具、教练、研讨会或者相关课程，为他们提供时间和机会进行学习和练习。这也是个人获得认可和职业发展的机会。在持续学习的同时，他们可以与其他人分享，也能确保团队的持续发展。

外包

在一些情况下，可以将图表绘制外包给外部的专家。如果满足某一具体需求的时间不足或技能有限，那么可以考虑向数据可视化或者演示咨询师寻求帮助。例如，一个客户曾经让我为他们设计一份重要的 PPT，并说会在来年多次使用。只要基本的故事设计到位，他们就可以通过细微的改动使其适用于各种场景。

外包的最大劣势在于无法像在内部解决问题时那样培养团队成员的技能。为克服这一点，可以在过程中寻找机会向咨询师学习。考虑最终的成果能否用于其他工作或激发灵感，或者是否可以用于提升内部团队的能力。

组合方法

我所看到的在该领域最为成功的团队使用了一种组合方法。他们认识到用数据讲故事的重要性，组织了培训和实践，供团队中的每个人学习基础知识。他们同时也培养了一名内部专家，团队的其他人可以向他寻求帮助以应对具体的挑战。他们还引入了外部的专家并进行学习。他们认识到用数据讲故事的价值，并在团队内部培养相关的能力。

通过本书，我已经向你提供了有关数据沟通的基础知识和语言，可以帮助你的团队在这方面胜人一筹。也请考虑一下如何利用本书所学给他人提供反馈，以帮助其他人提高能力和效率。

让我们回顾此前所学内容，总结一下如何有效地用数据讲故事。

重点回顾

打开这本书时，你可能对于用数据沟通有所不适或者专业知识有所欠缺，但现在你已经拥有了坚实的基础、可以模仿的示例，还了解了克服数据可视化挑战的具体步骤。你拥有了全新的视角，不会再像之前那样看待数据可视化。你已经准备好帮助我消灭世界上的糟糕图表了。

你的数据中暗含一个故事。如果你在此之前不相信这一点，我希望你现在相信了。使用我们所学的知识将故事清晰地呈现给受众，帮助受众更好地决策，推动他们采取行动。

去吧，用数据讲述你的故事！

致谢

致谢时间线

感谢⋯⋯

2015

2010年至今　我的家人，感谢你们的爱和支持。感谢我的爱人Randy，你自始至终都是我的头号拉拉队长；我爱你，亲爱的。感谢我漂亮的儿子Avery和Dorian，你们重新设定了我生活的优先级，为我的世界带来了更多欢乐。

2010年至今　我的客户，感谢你们参与到我消灭世界上无效图表的努力中来，并邀请我通过研讨会和其他项目向你们的团队和组织分享我的工作。

2007~2012年　在谷歌的日子。Laszlo Bock、Prasad Setty、Brian Ong、Neal Patel、Tina Malm、Jennifer Kurkoski、David Hoffman、Danny Cohen和Natalie Johnson，感谢你们给我机会和自主权，让我研究、构建并教授有效数据可视化的相关内容，感谢你们让自己的作品经受我的挑剔，感谢你们一直以来对我的支持和启发。

2002~2007年　在银行的日子。Mark Hillis和Alan Newstead，感谢你们在我刚开始探索和磨炼数据可视化技能（有时是以痛苦的方式，例如欺诈管理蜘蛛图）时的认可和鼓励。

1987年至今　我的兄弟，感谢你提醒我平衡工作和生活的重要性。

1980年至今　我的父亲，感谢你的设计眼光和对细节的关注。
1980~2011年　我的母亲，生命中对我影响最大的人；妈妈，我想念你。

1980

也感谢让本书成形的每一个人。我珍惜你们一路上提供的点点滴滴的反馈和帮助。除了上面列出的人之外，还要感谢Bill Falloon、Meg Freeborn、Vincent Nordhaus、Robin Factor、Mark Bergeron、Mike Henton、Chris Wallace、Nick Wehrkamp、Mike Freeland、Melissa Connors、Heather Dunphy、Sharon Polese、Andrea Price、Laura Gachko、David Pugh、Marika Rohn、Robert Kosara、Andy Kriebel、John Kania、Eleanor Bell、Alberto Cairo、Nancy Duarte、Michael Eskin、Kathrin Stengel和Zaira Basanez。